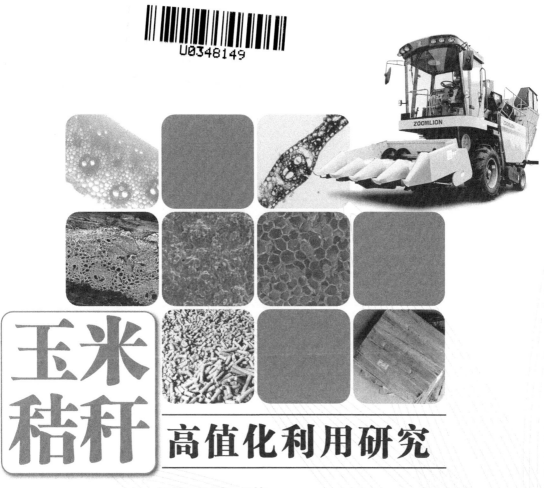

# 玉米秸秆

## 高值化利用研究

何 勋 著

中国农业科学技术出版社

**图书在版编目(CIP)数据**

玉米秸秆高值化利用研究／何勋著.--北京：中国农业科学技术
出版社，2023.4
ISBN 978-7-5116-6248-4

Ⅰ.①玉… Ⅱ.①何… Ⅲ.①玉米秸-综合利用 Ⅳ.①S816.5

中国国家版本馆 CIP 数据核字(2023)第 064742 号

| | |
|---|---|
| 责任编辑 | 姚　欢 |
| 责任校对 | 王　彦 |
| 责任印制 | 姜义伟　王思文 |

| | |
|---|---|
| 出　版　者 | 中国农业科学技术出版社 |
| | 北京市中关村南大街 12 号　　邮编：100081 |
| 电　　话 | (010) 82106631(编辑室)　　(010) 82109702(发行部) |
| | (010) 82109709(读者服务部) |
| 网　　址 | https：//castp.caas.cn |
| 经　销　者 | 各地新华书店 |
| 印　刷　者 | 北京建宏印刷有限公司 |
| 开　　本 | 170 mm×240 mm　1/16 |
| 印　　张 | 9 |
| 字　　数 | 150 千字 |
| 版　　次 | 2023 年 4 月第 1 版　2023 年 4 月第 1 次印刷 |
| 定　　价 | 50.00 元 |

# 前　言

中国是农业大国，玉米是重要的粮食作物，玉米秸秆资源十分丰富，但利用附加值较低。从细胞组织结构和主要化学成分组成上看，玉米秸秆皮、穰、叶细胞组织结构有很大不同，且主要化学成分与营养物质也存在显著差异。只有应用玉米秸秆皮、穰、叶组分分离技术，促进玉米秸秆资源的精细化利用，并带动农作物秸秆产业发展，才能对促进农民增收、发展生态农业、保护自然环境起到巨大作用。从提高能量转换效率和精细化方向发展规律来看，玉米秸秆皮、穰、叶组分机械化分离及高效利用，必将对动物养殖、造纸制浆、秸秆人造板、生物乙醇等行业与技术的发展起到推动作用。

本书总结了国内外学者在玉米秸秆皮穰叶分离技术、玉米秸秆皮穰叶各组分在燃料化、材料化、饲料化等方面的研究成果，共分7章：第1章中国玉米秸秆资源利用概况，介绍了我国玉米秸秆资源化利用存在的问题，提出了组分分离精细化利用发展方向；第2章玉米秸秆皮、穰、叶生物力学特性，分析了玉米秸秆皮穰叶在细胞组织结构、营养成分、力学特性方面存在的差异；第3章玉米秸秆皮穰叶分离技术，从气流分离、机械分离两个方面介绍了玉米秸秆皮穰叶分离的方法；第4章玉米秸秆皮颗粒燃料制备技术；第5章玉米秸秆皮制板技术，从研究方法、试验设计、研究结果等方面分析了技术特点与应用前景；第6章玉米秸秆穰高值化利用技术，从玉米秸秆穰用于颗粒饲料、吸声保温材料方面介绍了研究进展；第7章玉米秸秆叶饲料化利用技术，从平模制粒机设计、颗粒饲料制备研究方法、试验设计、研究结果等方面分析了技术特点与应用前景。本书可作为农业工程技术人员、科研与生产技术人员、农业管理人员、农业专业合作社的参考书籍，也可作为农业工程生物质收获与加工技术等研究方向研究生的参考读物。

感谢我的博士生导师王德福教授，师兄陈争光、师妹孔凡婷为本书出版提供的指导与帮助。在本书出版过程中，参阅了国内外学者、有关企业公开发表和展示的技术资料、图片等，在此一并表示感谢，不当之处请见谅。限于研究、编著水平和能力，本书难免存在疏漏之处，敬请读者和同行专家批评指正。

著者

2022 年 11 月 20 日

# 目　　录

# 1 中国玉米秸秆资源利用概况

全世界玉米的种植面积位居农作物种植面积的第三，是全球种植最广泛的农作物之一。玉米对温度和水分要求不高，适应性强，因而玉米在全球各大洲都有种植。在世界100多个种植玉米的国家或地区中，美国、中国、巴西、墨西哥等为主产国。目前，世界秸秆年产量约29亿t，玉米秸秆约占世界秸秆产量的35%。中国是农业大国，农作物秸秆主要以玉米、小麦和水稻三大作物为主，详见图1-1，且资源非常丰富，仅玉米秸秆年产量就达2.2亿t以上，约占农作物秸秆资源总量的1/3，具有来源广泛、数量庞大、价格低廉和开发利用潜能大等特点。因此，合理利用玉米秸秆可再生资源对于缓解中国资源紧张的矛盾有着尤为重要的意义。

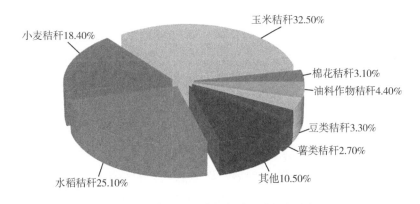

图1-1  中国不同农作物秸秆资源量比例

农作物秸秆资源利用的途径主要以肥料、饲料、燃料、材料和基料方式为主。玉米主要种植在中国的东北、华北和西南丘陵地区，其60%以上种植在东北和华北地区，这些地区玉米成熟与收获时间集中在9—11月，玉米秸秆收获以后，其秸秆利用的方式主要有以下3个方面。

（1）机械化直接还田或堆沤还田。农作物秸秆含有丰富的氮、磷、钾和多种营养元素,是促进农作物生长的有机肥料,中国利用农作物秸秆生产的有机肥占有机肥总量的12%~19%。玉米秸秆粉碎还田腐烂以后,可以有效提高土壤中有机质的含量并减少土壤中氮营养成分的流失,以及改善土壤中微生物碳、氮的固持和供给效果,增加土壤微生物活性,有利于提高冬小麦产量。随着秸秆还田技术的应用和先进的玉米联合收获机、还田机械等装备的投入,在中国华北和东北地区,据粗略估计,每年约有4 000万t玉米秸秆被直接还田,占玉米秸秆资源总量的17%以上。

(2)动物饲料。玉米秸秆主要含有纤维素、半纤维素和木质素,具有低能量、高纤维和少蛋白的特性,特别是玉米秸秆含有的木质素是一类酚酸多聚体混合物,存在许多羟基等极性基团,不能被水解为单糖,并对纤维素起到保护并延缓水解的作用,影响了动物消化吸收;由于籽粒收获后的玉米秸秆极易丧失水分,秸秆中维生素等营养物质含量大幅降低。因此,通过对玉米秸秆酶解、氨化或发酵处理,可以用于反刍动物的饲料。近年来,随着玉米秸秆营养调控技术和微生物发酵技术的推广,促进了中国奶牛行业发展,有利于保障国家粮食安全,保护草原生态环境。

(3)农村新能源和工业原料。玉米秸秆作为生物质能源,与太阳能、风能、潮汐能等一样属于可再生能源,可作为石油、煤炭等常规化石能源的替代品。随着中国社会主义新农村建设和城镇化进程的加快,玉米秸秆除用于农村炊事及取暖外,还可以通过固化成型、碳化、气化或液化等新能源利用技术转化为农村日常生活中的能源。此外,玉米秸秆可作为生物质发电、造纸、建筑等行业的主要原料,也用于加工成包装材料、一次性餐具等生活必需品,有时也被加工成秸秆砖和秸秆人造板,在工业原料领域应用广泛。

近年来,中国社会经济快速发展,许多惠民惠农政策颁布并实施,农村与城镇居民生活水平不断提高,农村生活设施条件与居住环境也得到不断改善,能源消费结构发生了巨大变化。虽然农作物秸秆资源有其不可比拟的优势,但是秸秆焚烧与闲置问题依旧突出。秸秆焚烧不仅排放出大量的$CO_2$温室气体、CO和$NO_x$等有毒有害物质,降低了土壤有机质和腐殖质的含量,破坏了土壤生物群落,而且还造成生物质资源的浪费,引起一系列的经济问题、环境问题和社会问题。

玉米、小麦和水稻等禾本科作物的植株由根、茎秆、叶、花和籽实等器官组成，其茎秆、叶、穗、鞘等组分各占一定的比例，具有不均一性的特点，不同部位的纤维形态特征和化学成分存在显著差异，这些作物有些部位的纤维特性优于阔叶林材，比如麦秆节间、稻秆的茎秆等具有较高的纤维长宽比，具有资源高值转化利用的巨大潜力。目前，玉米秸秆资源利用主要以整秆利用为主，通过上述秸秆资源利用和转化的主要途径，玉米秸秆资源利用率得到大幅度提高，但玉米秸秆堆积密度较小，集中处理需要大面积的场地和相关配套设施，收储运成本较高，玉米秸秆资源利用效益较低。玉米秸秆主要由皮、穰、叶三大部分组成，其细胞组织结构见图1-2，玉米秸秆不同部位的主要化学成分见表1-1。

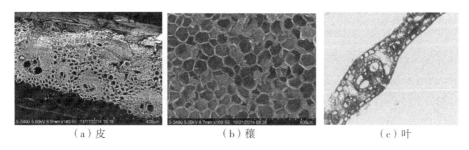

（a）皮　　　　　　　　（b）穰　　　　　　　　（c）叶

图1-2　玉米秸秆皮、穰、叶显微观察

表1-1　玉米秸秆皮、穰、叶的主要营养成分

| 秸秆组分 | 营养成分 | | | | | | | |
|---|---|---|---|---|---|---|---|---|
| | 粗蛋白（CP） | 粗脂肪（EE） | 有机物（OM） | 中性洗涤纤维（NDF） | 酸性洗涤纤维（ADF） | 酸性洗涤木质素（ADL） | 钙（Ca） | 磷（P） |
| 皮 | 1.94c | 0.60c | 97.27g | 71.06c | 47.59a | 8.32a | 0.45de | 0.03c |
| 穰 | 3.33d | 1.22abc | 95.20d | 70.49d | 39.05c | 4.33f | 0.41e | 0.03c |
| 叶 | 6.60b | 1.49a | 92.46a | 62.28e | 31.12e | 4.43ef | 1.01a | 0.11a |

注：数据后字母为邓肯多重比较分析结果。

从细胞组织结构和主要化学成分组成上看，玉米秸秆皮、穰、叶细胞组织结构有很大不同，而且主要化学成分与营养物质也存在显著差异。玉米秸秆的皮较坚硬，纤维比较致密，有机物、中性洗涤纤维、酸性洗涤纤维和酸性洗涤木质素含量较高；玉米秸秆穰占玉米秸秆组织总体积75%左右，水分含量占其青秸秆总量的55%~75%，还含有丰富的粗脂肪、粗蛋白和糖类物质，其含量远

远超过水稻秸秆和小麦秸秆，其内部结构呈网孔状，具有较好的透气性；玉米秸秆叶中含有丰富的粗脂肪和蛋白类物质，粗纤维含量较低。从动物饲料化利用角度分析，玉米秸秆不同组分的营养价值从高到低依次为叶、穰、皮，由于玉米秸秆皮中含有的木质素具有很强的分子内能和分子间的氢键，很难水解为单糖且对纤维素起到保护作用，影响反刍动物对纤维素的消化吸收，适口性较差；从新能源技术利用角度分析，玉米秸秆皮、穰、叶不同部位的厌氧发酵特性存在显著差异，其酶解速率从大到小依次为穰、叶、皮；从直接还田效应上看，玉米秸秆皮的降解率最差，穰和叶还田效果较好，玉米秸秆皮降解时需吸收较多土壤中原有的氮、磷和水分，降低出苗率和作物产量，且播种时不易腐烂，造成播种机拖堆和堵塞，并影响播种质量和出现失墒问题。

综合以上分析，中国玉米秸秆资源可利用总量巨大，但利用附加值较低，只有应用玉米秸秆皮、穰、叶组分分离技术，促进玉米秸秆资源的高值化利用，并带动农作物秸秆产业经济的发展，才能为促进农民增收、发展生态农业、保护自然环境起到巨大作用。从提高能量转换效率和精细化方向发展规律来看，玉米秸秆皮、穰、叶组分机械化分离及高效利用，必将对动物养殖、造纸制浆、秸秆人造板、生物乙醇等行业与技术的发展起到推动作用。

# 2 玉米秸秆皮、穰、叶生物力学特性

研究玉米秸秆皮、穰、叶各组分的力学特性，是设计和改进玉米秸秆皮、穰、叶分离装置与玉米秸秆收获装置的重要依据。特别是在玉米秸秆皮、穰、叶组分分离过程中，由于除叶机构、剖切和展平机构、剖穰机构等作用，玉米秸秆皮、穰、叶等组织受到剪切、拉伸、压缩等力的作用，过大或过小的作用力影响分离效果和分离效率。为此，本章对有关玉米秸秆皮、穰、叶生物力学特性研究进行总结，为玉米秸秆收获及其皮、穰、叶分离工艺优化和装备设计打下基础。

## 2.1 玉米秸秆皮

### 2.1.1 玉米秸秆皮细胞组织结构

根据植物组织学常规切片技术，经过固定处理、脱水处理、透明处理、切片、粘片、染色处理和封藏等主要步骤，在光学显微镜下对玉米秸秆皮切片进行观察和拍照。具体步骤如下：用质量分数为75%的酒精固定处理24 h，然后在蒸馏水中高温蒸煮5 min；分别用质量分数为30%、50%、70%、90%酒精和无水乙醇浸泡脱水；放入质量分数为75%的二甲苯溶液中浸泡15 min进行透明处理；将处理后的试样用刀片手工切成6~7 μm的薄片，用蒸馏水漂洗后用质量分数为75%的番红溶液染色，再按梯度进行酒精浸泡脱水处理，然后再放入质量分数为95%酒精浸泡5 min；在二甲苯溶液中浸泡10 min后，利用载玻片和盖玻片封藏，放置7 d；在光学显微镜（BA310，Motic China Group Co.，Ltd）下观察并拍照，采用Leica Qwin plus图像处理软件对照片进行处理和测量。经过观察并测量，玉米秸秆皮由表皮层和束状组织组成，其厚度在0.4~1.6 mm，并随茎节高度增大而减小。表皮层是不规则且很薄的蜡质层，厚度约0.04 mm；内部由维管束和纤维束组成束状结构，纤维束在近似垂直于玉米秸秆皮横切面方向上紧密排列（图 2-1）。

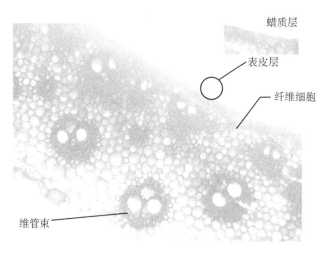

图 2-1　玉米秸秆皮横切面切片图

## 2.1.2　玉米秸秆皮纤维形态特征

选取 5 株玉米秸秆，试样编号 1~5，截取其根部、中下部、穗位部、中上部和上部位置（即沿玉米秸秆生长方向的第 1 节、第 3 节、第 5 节、第 7 节和第 9 节），沿轴向将试样分成两份并去穰取皮，其中一份用于纤维离析试验，另一份用于力学特性试验。通过硝酸法获得玉米秸秆皮纤维，并测量其纤维长度、纤维宽度、细胞壁厚度、细胞腔直径等纤维特征参数。试验过程如下：用四分法将试样切成 2 mm×2 mm×30 mm（径向×弦向×轴向）火柴梗大小，浸入盛有蒸馏水的烧杯中，用万用电炉加热蒸煮 30 min；将烧杯中的蒸馏水倒出，加入质量分数为 10% 硝酸与质量分数为 10% 铬酸等量混合溶液至试样淹没为止，在恒温 70 ℃ 的条件下加热 20 min；然后加入少量氯酸钾，继续在恒温 70 ℃ 的条件下加热 15 min，待试样软化至纤维分离，倒掉试管中的溶液；用蒸馏水进行脱酸处理后，加入蒸馏水振荡 5 min；用毛笔挑出少许浆液置于载玻片上，用 75% 番红溶液染色，在光学显微镜下进行观察和拍照，采用 Leica Qwin plus 图像处理软件对照片进行处理并测量每个试样的 30 根纤维，取平均值。每组试验重复 5 次，取平均值。

　　玉米秸秆皮的纤维形态特征测量结果见表2-1。从表2-1中可以看出，与木材相比，玉米秸秆皮的纤维长度较短，平均值为1 870 μm，其变异范围为1 356~2 093 μm；纤维宽度平均值为31.01 μm，其变异范围为14.4~17.2 μm；纤维长宽比（纤维长度与纤维宽度的比值）平均值为115.58，其变异范围为93.27~126.38；纤维壁厚度的平均值为4.59 μm，其变异范围为2.72~6.11 μm；纤维腔直径的平均值为6.55 μm，其变异范围为4.72~11.75 μm；壁腔比（2倍纤维壁厚与纤维腔直径的比值）的平均值为1.59，其变异范围为0.48~2.25。

表2-1　玉米秸秆皮纤维形态特征

| 取样高度* | 试样编号 | 纤维长度（μm） | 纤维宽度（μm） | 长宽比 | 纤维壁厚度（μm） | 纤维腔直径（μm） | 壁腔比 |
|---|---|---|---|---|---|---|---|
| 根部（第1节） | 1 | 1 976 | 15.9 | 124.3 | 5.47 | 5.14 | 2.13 |
| | 2 | 1 981 | 15.9 | 124.4 | 5.31 | 4.72 | 2.25 |
| | 3 | 1 965 | 15.8 | 123.6 | 5.29 | 4.83 | 2.19 |
| | 4 | 1 973 | 16.0 | 122.7 | 5.38 | 4.82 | 2.23 |
| | 5 | 1 969 | 15.9 | 123.4 | 5.52 | 5.06 | 2.18 |
| | 平均值 | 1 972.8±6.18 | 15.9±0.08 | 123.7±0.69 | 5.39±0.09 | 6.32±0.16 | 2.19±0.05 |
| 中下部（第3节） | 1 | 2 056 | 16.4 | 125.4 | 5.76 | 5.41 | 2.13 |
| | 2 | 2 086 | 16.5 | 126.3 | 6.11 | 5.76 | 2.12 |
| | 3 | 2 077 | 16.6 | 125.2 | 5.95 | 5.72 | 2.08 |
| | 4 | 2 093 | 16.6 | 126.0 | 5.91 | 5.39 | 2.19 |
| | 5 | 2 080 | 16.5 | 125.7 | 5.98 | 5.69 | 2.10 |
| | 平均值 | 2 079.8±11.21 | 16.5±0.47 | 125.7±0.47 | 5.94±0.13 | 6.39±0.18 | 2.12±0.04 |
| 穗位部（第5节） | 1 | 2 034 | 16.6 | 122.5 | 5.52 | 5.75 | 1.92 |
| | 2 | 2 015 | 16.6 | 121.6 | 5.21 | 5.24 | 1.99 |
| | 3 | 2 021 | 16.5 | 122.3 | 5.72 | 5.81 | 1.97 |
| | 4 | 2 014 | 16.3 | 123.3 | 5.27 | 5.22 | 2.02 |
| | 5 | 2 026 | 16.6 | 121.8 | 5.37 | 5.74 | 1.87 |
| | 平均值 | 2 022.0±8.38 | 16.5±0.65 | 122.3±0.65 | 5.42±0.21 | 5.55±0.29 | 1.95±0.06 |

（续表）

| 取样高度* | 试样编号 | 纤维长度（μm） | 纤维宽度（μm） | 长宽比 | 纤维壁厚度（μm） | 纤维腔直径（μm） | 壁腔比 |
|---|---|---|---|---|---|---|---|
| 中上部（第7节） | 1 | 1 864 | 16.8 | 110.9 | 3.25 | 5.20 | 1.25 |
| | 2 | 1 903 | 17.0 | 111.7 | 3.16 | 5.31 | 1.19 |
| | 3 | 1 876 | 16.9 | 110.5 | 3.48 | 6.50 | 1.07 |
| | 4 | 1 885 | 16.8 | 112.5 | 3.48 | 6.44 | 1.08 |
| | 5 | 1 903 | 17.2 | 110.4 | 3.42 | 5.95 | 1.15 |
| | 平均值 | 1 886.2±17.05 | 16.9±0.89 | 111.2±0.89 | 3.34±0.15 | 5.88±0.61 | 1.15±0.08 |
| 上部（第9节） | 1 | 1 356 | 14.4 | 94.0 | 2.98 | 10.64 | 0.56 |
| | 2 | 1 380 | 14.8 | 93.3 | 2.81 | 11.47 | 0.49 |
| | 3 | 1 428 | 14.6 | 97.8 | 2.82 | 11.75 | 0.48 |
| | 4 | 1 369 | 14.4 | 94.9 | 2.72 | 10.67 | 0.51 |
| | 5 | 1 420 | 14.9 | 94.8 | 2.97 | 9.43 | 0.63 |
| | 平均值 | 1 390.6±31.78 | 14.6±1.74 | 94.9±1.74 | 2.86±0.11 | 10.78±0.91 | 0.53±0.06 |

注：* 取样高度即沿玉米秸秆生长方向各个茎节位置进行取样，无单位。下同。

## 2.1.3 玉米秸秆皮力学特性

由于农作物秸秆存在各向异性和变异性，其生物特性与力学特性之间存在显著的相关性。通过对玉米秸秆皮剪切特性、拉伸特性、压缩特性等有关特性研究，并在玉米秸秆皮纤维形态特征分析的基础上，总结出不同取样高度玉米秸秆皮力学特性的变化规律。

### 2.1.3.1 玉米秸秆皮压缩特性

#### 2.1.3.1.1 材料与设备

选取河南农业大学毛庄农场种植的先玉 335 品种玉米秸秆，去穰后取完整的玉米秸秆皮，在室温干燥条件下晾干至含水率为 12%。

试验所需仪器与设备主要有：热压试验台、电子天平（BSA3202S，奥多利斯科学仪器有限公司）、恒温鼓风干燥箱（DHG-9420A，上海一恒科学仪器有限公司）等。其中，热压试验台由安装自动控制加热温度（0~300 ℃）装置的模具（由凹模、上凸模和下凸模组成，内腔尺寸为 150 mm×150 mm）与微机控制液压伺服万能试验机（RE-8030，深圳市瑞格尔仪器有限公司）组成。为减少加热过程中的热量损失，在模具两端设有石棉保温隔热材料，并在凹模厚度方向中心处安放温度传感器，以实时监测模具的加热温度，电控箱中采取继电器低通高断的方式控制模具加热温度。

#### 2.1.3.1.2 试验方法

玉米秸秆皮木质素含量高，性能与木材相近，其压缩特性与整秆压缩状态下的物料存在明显差异，为研究玉米秸秆皮热压成型过程及其成型机理，需要对其压缩特性进一步研究。针对农作物秸秆压缩特性的研究，常以粉碎状态下物料的原料含水率、加载速度、初始密度、成型密度等因素方面对压缩成型的影响分析为主，且主要集中在常温闭式压缩方面，而对完整秸秆的生物特性对热压成型影响方面的研究较少。本试验以完整玉米秸秆皮为研究对象，根据模具尺寸将玉米秸秆皮制成长度 150 mm、宽度 8~16 mm 的试样。选取取样高度（截取其根部、中下部、穗位部、中上部和上部位置，即沿玉米秸秆生长方向的第 1 节、第 3 节、第 5 节、第 7 节和第 9 节）、加热温度（模具的凹模中心温度）、加载速度、喂入量为试验因素，以最大压缩力为考核指标，利用 Design-expert8.0.6 软件，将试验选取的 4 个因素，根据预试验结果分别设定 5 个水平编排正交旋转中心组合试验，共安排 36 组试验，其中零点重复 12 次。试验水平及编码值见表 2-2。

表 2-2　试验因素编码表

| 水平 | 试验因素 | | | |
| | 取样高度 $x_1$ | 加热温度 $x_2$（℃） | 加载速度 $x_3$（mm/min） | 喂入量 $x_4$（g） |
| --- | --- | --- | --- | --- |
| 2 | 上部（第 9 节） | 220 | 5 | 90 |
| 1 | 中上部（第 7 节） | 180 | 4 | 80 |
| 0 | 穗位部（第 5 节） | 140 | 3 | 70 |
| -1 | 中下部（第 3 节） | 100 | 2 | 60 |
| -2 | 根部（第 1 节） | 60 | 1 | 50 |

#### 2.1.3.1.3 结果与分析

1）最大压缩力回归模型的建立与检验

完整玉米秸秆皮压缩特性测试结果见表 2-3。

表 2-3　压缩特性试验方案与结果

| 序号 | 取样高度 $x_1$ | 加热温度 $x_2$（℃） | 加载速度 $x_3$（mm/min） | 喂入量 $x_4$（g） | 最大压缩力 $f$（kN） |
|---|---|---|---|---|---|
| 1 | -1 | -1 | -1 | -1 | 154.5 |
| 2 | -1 | -1 | -1 | 1 | 132.2 |
| 3 | -1 | -1 | 1 | -1 | 171.8 |
| 4 | -1 | -1 | 1 | 1 | 144.8 |
| 5 | -1 | 1 | -1 | -1 | 123.2 |
| 6 | -1 | 1 | -1 | 1 | 100.9 |
| 7 | -1 | 1 | 1 | -1 | 146.9 |
| 8 | -1 | 1 | 1 | 1 | 120.0 |
| 9 | 1 | -1 | -1 | -1 | 171.3 |
| 10 | 1 | -1 | -1 | 1 | 153.1 |
| 11 | 1 | -1 | 1 | -1 | 182.2 |
| 12 | 1 | -1 | 1 | 1 | 159.3 |
| 13 | 1 | 1 | -1 | 1 | 146.1 |
| 14 | 1 | 1 | -1 | -1 | 127.9 |
| 15 | 1 | 1 | 1 | -1 | 163.5 |
| 16 | 1 | 1 | 1 | 1 | 140.5 |
| 17 | -2 | 0 | 0 | 0 | 119.4 |
| 18 | 2 | 0 | 0 | 0 | 170.8 |
| 19 | 0 | -2 | 0 | 0 | 196.1 |
| 20 | 0 | 2 | 0 | 0 | 145.2 |
| 21 | 0 | 0 | -2 | 0 | 120.2 |
| 22 | 0 | 0 | 2 | 0 | 150.4 |
| 23 | 0 | 0 | 0 | -2 | 153.7 |
| 24 | 0 | 0 | 0 | 2 | 120.5 |
| 25 | 0 | 0 | 0 | 0 | 151.7 |
| 26 | 0 | 0 | 0 | 0 | 164.5 |
| 27 | 0 | 0 | 0 | 0 | 152.9 |
| 28 | 0 | 0 | 0 | 0 | 162.4 |
| 29 | 0 | 0 | 0 | 0 | 151.5 |
| 30 | 0 | 0 | 0 | 0 | 149.3 |

（续表）

| 序号 | 取样高度 $x_1$ | 加热温度 $x_2$（℃） | 加载速度 $x_3$（mm/min） | 喂入量 $x_4$（g） | 最大压缩力 $f$（kN） |
|---|---|---|---|---|---|
| 31 | 0 | 0 | 0 | 0 | 157.7 |
| 32 | 0 | 0 | 0 | 0 | 150.3 |
| 33 | 0 | 0 | 0 | 0 | 160.6 |
| 34 | 0 | 0 | 0 | 0 | 152.3 |
| 35 | 0 | 0 | 0 | 0 | 161.1 |
| 36 | 0 | 0 | 0 | 0 | 158.4 |

根据最大压缩力测试结果，利用 Design-expert8.0.6 软件获得考核指标随各试验因素变化的二次回归数学模型，见式（2-1）。

$$f = 156.06 + 10.52x_1 - 12.58x_2 + 7.51x_3 - 8.78x_4 + 3.29x_1x_4$$
$$- 3.45x_3x_4 - 2.89x_1^2 + 3.50x_2^2 - 5.34x_3^2 - 4.89x_4^2 \quad\quad (2-1)$$

通过方差分析对回归模型进行检验，从表 2-4 方差分析结果中可以看出，模型项 $P$ 值<0.001，失拟项 $P$ 值>0.05，且决定系数 $R^2 = 0.9310 > 0.8000$，说明各试验因素与评价指标之间存在极显著的相关关系，该回归模型是合适的。从各试验因素一次项的 $P$ 值来看，取样高度、加热温度、加载速度和喂入量对玉米秸秆皮的最大压缩力都有极显著影响，根据其 $F$ 值大小进行排序，对最大压缩力影响显著性程度大小依次为：加热温度>取样高度>喂入量>加载速度。

表 2-4　玉米秸秆皮压缩特性方差分析

| 项目 | 平方和 | 自由度 | 均方差 | $F$ 值 | $P$ 值 |
|---|---|---|---|---|---|
| 模型 | 12 561.18 | 14 | 897.227 4 | 26.415 49 | <0.000 1** |
| $x_1$ | 2 654.407 | 1 | 2 654.407 | 78.149 04 | <0.000 1** |
| $x_2$ | 3 800.167 | 1 | 3 800.167 | 111.881 6 | <0.000 1** |
| $x_3$ | 1 353.002 | 1 | 1 353.002 | 39.834 06 | <0.000 1** |
| $x_4$ | 1 851.527 | 1 | 1 851.527 | 54.511 25 | <0.000 1** |
| $x_1x_2$ | 37.21 | 1 | 37.21 | 1.095 509 | 0.307 2 |
| $x_1x_3$ | 40.96 | 1 | 40.96 | 1.205 913 | 0.284 6 |

（续表）

| 项目 | 平方和 | 自由度 | 均方差 | F 值 | P 值 |
|---|---|---|---|---|---|
| $x_1x_4$ | 172.922 5 | 1 | 172.922 5 | 5.091 054 | 0.034 8 * |
| $x_2x_3$ | 41.602 5 | 1 | 41.602 5 | 1.224 829 | 0.280 9 |
| $x_2x_4$ | 82.81 | 1 | 82.81 | 2.438 03 | 0.133 4 |
| $x_3x_4$ | 190.44 | 1 | 190.44 | 5.606 791 | 0.027 6 * |
| $x_1^2$ | 267.190 1 | 1 | 267.190 1 | 7.866 411 | 0.010 6 * |
| $x_2^2$ | 391.533 5 | 1 | 391.533 5 | 11.527 23 | 0.0027 ** |
| $x_3^2$ | 912.356 8 | 1 | 912.356 8 | 26.860 92 | <0.000 1 ** |
| $x_4^2$ | 765.056 8 | 1 | 765.056 8 | 22.524 23 | 0.000 1 ** |
| 残余 | 713.285 | 21 | 33.965 95 | | |
| 失拟项 | 404.875 8 | 10 | 40.487 58 | 1.444 067 | 0.277 4 |
| 错误 | 308.409 2 | 11 | 28.037 2 | | |
| 总计 | 13 274.47 | 35 | | | |

注：** 表示极显著（$P<0.01$），* 表示较显著（$P<0.05$）。

2）单因素效应分析

根据建立的最大压缩力回归方程，分别将其中 3 个试验因素固定在零水平得出各试验因素对最大压缩力影响曲线模型。

取样高度：$f(x_1) = 156.06+10.52x_1-2.89x_1^2$

加热温度：$f(x_2) = 156.06-12.58x_2+3.50x_2^2$

加载速度：$f(x_3) = 156.06+7.51x_3-5.34x_3^2$

喂入量：$f(x_4) = 156.06-8.78x_4-4.89x_4^2$

根据以上模型绘制各试验因素对最大压缩力的影响曲线，见图 2-2。

当加热温度为 140 ℃、加载速度为 3 mm/min、喂入量为 70 g 时，将不同取样高度的玉米秸秆皮压缩至同一密度。从图 2-2 中可以看出，随着取样高度的增大，玉米秸秆皮最大压缩力逐渐增大。玉米秸秆皮压缩时，工作台液压系统中液压缸活塞的移动除克服玉米秸秆皮与模具之间摩擦力、减小玉米秸秆皮之间的间隙外，还要破坏玉米秸秆皮的内部纤维结构，使玉米秸秆皮发生较大变形。从玉米秸秆皮纤维形态特征分析结果可以得出，随着取样高度的增大，玉米秸秆皮纤维长宽比减小，且纤维细胞腔直径增大，纤维壁厚度减小，其壁腔

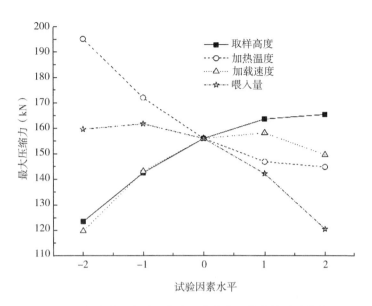

图 2-2　各试验因素对玉米秸秆皮最大压缩力的影响曲线

比减小，则玉米秸秆皮的塑性性能减弱，其弹性性能增强，造成玉米秸秆皮难以压缩成型，需要的最大压缩力随之增大。

当玉米秸秆皮的取样高度为穗位部（第 5 节）、加载速度为 3 mm/min、喂入量为 70 g 时，在不同加热温度条件下将玉米秸秆皮压缩至同一密度。从图 2-2 中可以看出，随着加热温度的增大，玉米秸秆皮最大压缩力逐渐减小，这主要是由于温度的升高能够促进玉米秸秆皮中木质素和纤维素的软化，使玉米秸秆皮较易发生塑性变形，更容易被压缩，使最大压缩力减小。

当玉米秸秆皮的取样高度为穗位部（第 5 节）、加热温度为 140 ℃、喂入量为 70 g 时，在不同加载速度条件下将玉米秸秆皮压缩至同一密度。从图 2-2 中可以看出，随着加载速度的增大，玉米秸秆皮最大压缩力先显著增大后又逐渐减小，这说明，在闭式压缩条件下，压缩时间越长，玉米秸秆皮产生应力松弛现象越明显，导致所需压缩力较小；随着加载速度的增大，玉米秸秆皮单位面积上的平均压力逐渐增大，当达到一定极限值后，在较高冲击力作用下，玉米秸秆皮较快发生塑性变形，玉米秸秆皮所需的最大压缩力有所减小。

当玉米秸秆皮的取样高度为穗位部（第 5 节）、加热温度为 140 ℃、加载速度为 3 mm/min 时，在不同喂入量条件下将玉米秸秆皮压缩至同一密度。从图

2-2 中可以看出，随着喂入量的增大，最大压缩力稍微增大后再又逐渐减小，这说明，在有限的压缩空间内，当初始密度到一定极限时，喂入量的增大使玉米秸秆皮弹性变形占主导作用，而消耗较大压缩能量的塑性变形占次要地位，玉米秸秆皮较易压缩。

3）试验因素交互作用对最大压缩力的影响分析

由方差分析表 2-4 可知，取样高度与喂入量、加载速度与喂入量二因素交互作用影响玉米秸秆皮最大压缩力较显著，其他二因素交互作用的影响不显著，由此，本节只分析取样高度与喂入量、加载速度与喂入量二因素交互作用对玉米秸秆皮最大压缩力的影响。二因素交互作用对玉米秸秆皮最大压缩力影响曲面图，见图 2-3。

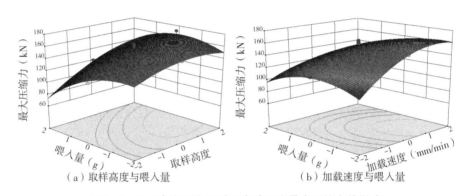

（a）取样高度与喂入量　　　　（b）加载速度与喂入量

**图 2-3　二因素交互作用对玉米秸秆皮最大压缩力的影响**

从图 2-3（a）中可以看出，随着喂入量的增大，最大压缩力曲面显著降低，在喂入量为+2 水平值时达到最小；随着取样高度的变化，最大压缩力有所增大，但增幅较小。这说明，喂入量越大且取样高度较低时，在压缩密度一定的条件下，玉米秸秆皮越容易压缩。从图 2-3（b）中可以看出，随着喂入量的增大，最大压缩力先增大后又减小；在加载速度增大时，最大压缩力曲面增幅较大，在+2 水平时又有所减小；在喂入量为+2 水平或喂入量为-2 水平且加载速度为-2 水平时，最大压缩力都较小。由此可见，在喂入量较小时适当降低加载速度及增大喂入量可有效降低压缩能耗并提高压缩效率。

4）试验因素参数组合优化及验证

根据玉米秸秆皮压缩特性试验结果（表 2-3），最大压缩力 $f$ 最小值为

100.9kN，出现在第 6 组中，即玉米秸秆皮在取样高度较低、加热温度较高、加载速度较小、喂入量较大试验条件下较易压缩变形，这符合试验因素对最大压缩力影响的基本规律，因此将 $f \leqslant 100.9$ kN 作为最大压缩力目标函数的优化值。采用频数分析法对试验因素参数组合进行优化，按照试验设计的 4 个因素，在 $[-2、2]$ 5 个水平范围内共计 $5^4 = 625$ 个组合方案，将这些方案组合带入回归方程进行计算，根据优化条件，可得最大压缩力 $f \leqslant 100.9$ kN 的方案共计 87 个，占全部方案的 13.93%。玉米秸秆皮最大压缩力 $f$ 频数分析表，见表 2-5。

根据表 2-5 中各水平的取值范围和最大压缩力 $f$ 回归方程进行验证，试验证实，玉米秸秆皮取样高度宜中下部（第 3 节），加热温度宜 165~180 ℃，加载速度宜 2~2.5 mm/min，喂入量宜 78~82 g。

表 2-5　最大压缩力 $f$ 频数分析表

| 水平 | 频数 | | | | | | | |
|---|---|---|---|---|---|---|---|---|
| | 取样高度 $x_1$ | | 加热温度 $x_2$（℃） | | 加载速度 $x_3$（mm/min） | | 喂入量 $x_4$（g） | |
| | 次数 | 频率（%） | 次数 | 频率 | 次数 | 频率 | 次数 | 频率 |
| -2 | 46 | 52.9 | 2 | 2.3 | 43 | 49.4 | 13 | 14.9 |
| -1 | 27 | 31.0 | 8 | 9.2 | 11 | 12.6 | 5 | 5.7 |
| 0 | 8 | 9.2 | 21 | 24.1 | 9 | 10.3 | 6 | 6.9 |
| 1 | 3 | 3.4 | 27 | 31.0 | 9 | 10.3 | 17 | 19.5 |
| 2 | 3 | 3.4 | 29 | 33.3 | 15 | 17.2 | 46 | 52.9 |
| 加权平均值 | -1.264 37 | | 0.839 08 | | -0.666 67 | | 0.896 552 | |
| 标准差 | 0.999 537 | | 1.059 967 | | 1.565 921 | | 1.470 276 | |
| 95%置信区间 | -1.47~-1.05 | | 0.62~1.06 | | -0.996~-0.338 | | 0.588~1.206 | |
| 试验因素取值范围 | 2~3 | | 164.7~182.5 | | 2.00~2.66 | | 75.88~82.06 | |

5）玉米秸秆皮热压过程分析

选取表 2-3 试验结果中第 11 组试验数据，分析玉米秸秆皮热压过程及其可压缩性。在取样高度中上部（+1 水平）、热压温度为 100 ℃（-1 水平）、加载速度 4 mm/min（+1 水平）、喂入量为 60 g（-1 水平）条件下，根据试验中采集的数据，绘制压缩量与压缩力对应的关系曲线，见图 2-4。

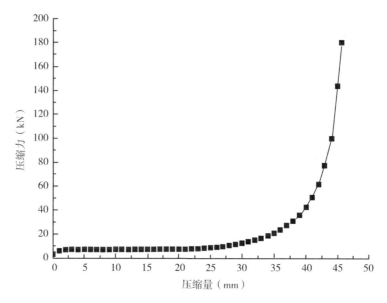

图 2-4　压缩量与压缩力关系曲线

从图 2-4 中压缩力随压缩量变化的趋势可以看出，玉米秸秆皮压缩过程主要分为 3 个阶段，即松散阶段（0 mm<$h$<25 mm）、过渡阶段（25 mm<$h$<40 mm）、压实阶段（40 mm<$h$<45 mm）。

在玉米秸秆皮热压过程中，其压缩密度与压缩量之间存在如下关系，见式（2-2）。

$$\rho = m/V = 10^3 m/S(h_0 - h) \tag{2-2}$$

式中，$\rho$ 为被压缩物料的密度，g/cm³；$m$ 为被压缩物料的质量，g；$V$ 为被压缩物料的体积，mm³；$S$ 为模具内腔底面积，mm²；$h_0$ 为模具内腔高度，mm；$h$ 为物料的压缩量，mm。

1986 年，英国学者 M. O. Faborode 在研究农作物秸秆压缩特性时提出，体积模量 $K$ 是表征物料的不可压缩性的主要性能参数，以此来评价物料抵抗压缩能力的大小，其值越大，说明物料越不容易被压缩。体积模量表达式见式（2-3）。

$$K = -\frac{\mathrm{d}p}{\mathrm{d}V/V} \tag{2-3}$$

由 $\mathrm{d}V/V = \mathrm{d}(m/\rho)/(m/\rho) = -\mathrm{d}\rho/\rho$ ，根据上式可得式（2-4）。

$$K = -\frac{\mathrm{d}p}{\mathrm{d}\rho/\rho} \tag{2-4}$$

式中，$K$ 为体积模量，MPa；$p$ 为压缩力，MPa。

根据以上公式可得到玉米秸秆皮热压过程中各个阶段压缩力与压缩密度、压缩密度与体积模量之间关系的数学模型，见式（2-5）～式（2-10）。压缩力与压缩密度、压缩密度与体积模量之间关系的变化曲线，见图2-5、图2-6。

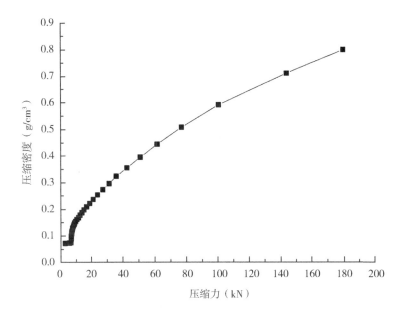

图2-5　压缩力与压缩密度关系曲线

松弛阶段压缩力与压缩密度、压缩密度与体积模量之间关系的数学模型，见式（2-5）、式（2-6）。

$$p = 4.866\ 1 + 22.581\ 12\rho \qquad R^2 = 0.941\ 1 \qquad (2-5)$$

$$K = -10.667\ 99 + 133.368\ 13\rho \qquad R^2 = 0.888\ 4 \qquad (2-6)$$

过渡阶段压缩力与压缩密度、压缩密度与体积模量之间关系的数学模型，见式（2-7）、式（2-8）。

$$p = 260.173\ 16\rho^{1.748\ 56} \qquad R^2 = 0.999\ 6 \qquad (2-7)$$

$$K = 405.804\ 43\rho^{1.702\ 9} \qquad R^2 = 0.958\ 7 \qquad (2-8)$$

压实阶段压缩力与压缩密度、压缩密度与体积模量之间关系的数学模型，见式（2-9）、式（2-10）。

$$p = -73.071\ 31 + 306.475\ 45\rho \qquad R^2 = 0.993\ 2 \qquad (2-9)$$

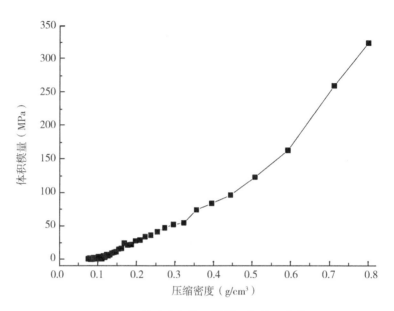

图2-6　压缩密度与体积模量之间关系曲线

$$K = -150.223\ 45 + 571.592\ 83\rho \qquad R^2 = 0.983\ 7 \qquad (2-10)$$

从图2-4至图2-6中曲线变化规律可以看出：

在松散阶段（0 mm<$h$<25 mm），随着压缩量的增大，玉米秸秆皮所需压缩力增加比较缓慢，压缩力与压缩密度之间呈线性关系（式2-5、式2-6），压缩密度急剧增加，体积模量随着压缩密度缓慢增加但增幅很小。这说明，在这个阶段的压缩力主要以压缩玉米秸秆皮之间的空隙占主导作用，玉米秸秆皮产生较大的变形，可压缩性较好。由此可见，将玉米秸秆皮在适当压力下快速预压，然后再进行热压，将有利于节约压缩时间，提高生产效率。

在过渡阶段（25 mm<$h$<30 mm），压缩力与压缩密度、压缩密度与体积模量都呈明显的非线性关系（式2-7、式2-8）。在此阶段，随着压缩密度的增大，体积模量明显增大，玉米秸秆皮变得越来越难以压缩。可见，由于压缩力以压缩玉米秸秆皮之间空隙为主开始向压缩玉米秸秆皮内部空隙、破坏玉米秸秆皮纤维细胞组织结构为主转变，是一个非常复杂的、内部因素与外部条件相互交织变化的过程。

在压实阶段（35 mm<$h$<45 mm），随着压缩量接近于极限值，压缩力与压缩密度、压缩密度与体积模量又接近线性关系（式2-9、式2-10）。在此阶段，玉

米秸秆皮的变形增加十分缓慢，玉米秸秆皮与玉米秸秆皮之间空隙及其自身内部空隙接近极限值，增大压缩力对改变压缩密度的作用不再明显，体积模量已经迅速增大使玉米秸秆皮逐渐失去了可压缩性。

## 2.1.3.2　基于纤维形态特征分析的玉米秸秆皮拉伸和剪切特性

农作物秸秆力学特性对其热压成型工艺及其板材物理力学性能有很大影响，由于农作物秸秆存在各向异性和变异性，其生物特性与力学特性之间存在显著的相关性。众多科研人员为促进玉米秸秆资源的利用，探索玉米秸秆及其皮的力学特性与生物特性之间相互关系，研究了不同品种玉米秸秆的纤维素、半纤维素和木质素的质量分数与其应力松弛特性的相关性；测试了玉米秸秆的茎叶连接力、叶鞘抗拉力和茎秆叶鞘抗冲击特性，并从叶鞘位置、含水率、茎秆直径及保存条件等方面，分析了玉米秸秆内部结构的变化对其力学特性的影响；通过压缩、拉伸和弯曲试验，建立了玉米秸秆的生物力学特性模型；研究了含水率、叶鞘位置和取样位置等因素对玉米秸秆拉伸特性的综合影响；分析了含水率、取样高度等因素对玉米秸秆皮剪切和拉伸特性的影响。结合以上研究且综合将农作物秸秆作为研究对象的文献来看，目前有关力学特性的研究多从作物生理特点、秸秆力学模型、秸秆力学性能指标和设备性能参数等角度入手，而在玉米秸秆皮微观结构及其纤维形态特征的内在因素上的分析相对甚少。为此，本节在玉米秸秆皮的细胞组织结构、纤维形态特征、元素成分、化学成分等生物特性研究的基础上，充分考虑品种、生长环境等多种条件对玉米秸秆组成成分影响，选取相同种植条件下同一品种的玉米秸秆皮，并对其不同取样高度的力学特性进行测试，研究取样高度、温度等因素对完整玉米秸秆皮压缩特性的影响，分析玉米秸秆皮的拉伸特性、剪切特性与其纤维形态特征参数之间的相关性，从微观角度研究农作物秸秆力学特性的内在机理，为热压成型过程分析、玉米秸秆皮热压成型工艺制定及其板材性能研究提供理论依据。

### 2.1.3.2.1　材料与方法

1）试验材料与仪器

试验材料同本章 2.1.2。选取 5 株玉米秸秆，试样编号 1~5，截取其根部、中下部、穗位部、中上部和上部位置（即沿玉米秸秆生长方向的第 1 节、第 3 节、第 5 节、第 7 节和第 9 节），沿轴向将试样分成两份并去穰取皮，其中一份将含水率调至 10%，用于力学特性试验；另一份用于纤维离析试验。

试验设备与仪器主要有：微机控制电子万能材料试验机（RGT-10 型，深圳瑞格尔仪器有限公司，最大试验力为 10 kN，负荷精度为±1%，测力范围为 0.02~10 kN，试验速度为 1~500 mm/min，有效拉伸距离为 800 mm，有效试验宽度为 340 mm，位移测量精度为±1%）、电子天平（BSA3202S，奥多利斯科学仪器有限公司，精度为 0.01g）、恒温鼓风干燥箱（DHG-9420A 型，上海一恒科学仪器有限公司）、游标卡尺（精度 0.01mm）等。

2）试验方法

（1）玉米秸秆皮纤维离析试验见本章 2.1.2。

（2）拉伸特性试验。选择取样高度为试验因素，以径向抗拉强度和轴向抗拉强度为考核指标进行单因素试验。首先按照图 2-7 所示将玉米秸秆皮做成用于径向抗拉强度和轴向抗拉强度测试的 2 种试样，为保证径向拉伸力在试验仪器的测力范围（0.2~10kN）内，将其截面由原来的 2.5mm 调整为 5mm；然后对其径向拉伸载荷与轴向拉伸载荷的最大值进行测试，按照式（2-11）计算其径向抗拉强度和轴向抗拉强度。每组试验重复 5 次，取平均值。

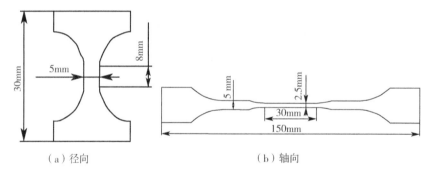

（a）径向          （b）轴向

图 2-7　拉伸试样的形状与尺寸

$$\sigma = \frac{F_{\sigma max}}{A} \qquad (2-11)$$

式中，$\sigma$ 为抗拉强度，MPa；$F_{\sigma max}$ 为拉伸力的最大值，N；$A$ 为断裂处的横截面积，$mm^2$。

（3）剪切特性试验。同样以取样高度为试验因素，以轴向剪切强度为考核指标进行单因素试验。将试样制成尺寸为 150 mm×20 mm（长×宽）的长条状，设定剪切加载速度为 20 mm/min；然后对其轴向抗剪载荷的最大值进行测试，按照式（2-12）计算其轴向抗剪强度。每组试验重复 5 次，取平均值。

$$\tau = \frac{F_{\tau\max}}{A} \tag{2-12}$$

式中，$\tau$ 为轴向抗剪强度，MPa；$F_{\tau\max}$ 为剪切力的最大值，N；$A$ 为破坏处的横截面积，$mm^2$。

#### 2.1.3.2.2　结果与分析

1）玉米秸秆皮的拉伸和剪切特性

不同取样高度玉米秸秆皮拉伸和剪切特性测试结果，见表 2-6。玉米秸秆皮轴向抗拉强度平均值为 74.01 MPa，径向抗拉强度平均值为 1.77 MPa，轴向抗拉强度显著大于径向抗拉强度（$P<0.01$）。

表 2-6　玉米秸秆皮拉伸和剪切特性测试结果

| 取样高度 | 试样编号 | 径向抗拉强度（MPa） | 轴向抗拉强度（MPa） | 轴向抗剪强度（MPa） |
|---|---|---|---|---|
| 根部 | 1 | 2.48 | 71.62 | 23.46 |
| | 2 | 2.49 | 75.44 | 22.17 |
| | 3 | 2.42 | 71.23 | 20.58 |
| | 4 | 2.45 | 70.56 | 21.67 |
| | 5 | 2.37 | 73.27 | 20.74 |
| | 平均值 | 2.44±0.05 | 72.42±1.96 | 21.72±1.72 |
| 中下部 | 1 | 2.36 | 95.31 | 18.48 |
| | 2 | 2.32 | 93.83 | 16.91 |
| | 3 | 2.34 | 96.47 | 16.39 |
| | 4 | 2.32 | 95.33 | 17.26 |
| | 5 | 2.25 | 91.42 | 17.82 |
| | 平均值 | 2.32±0.04 | 94.47±1.95 | 17.37±0.81 |
| 穗位部 | 1 | 2.04 | 88.11 | 14.44 |
| | 2 | 1.95 | 82.56 | 15.18 |
| | 3 | 1.96 | 88.94 | 16.01 |
| | 4 | 1.99 | 86.92 | 15.83 |
| | 5 | 1.97 | 85.44 | 14.95 |
| | 平均值 | 1.98±0.04 | 86.39±2.52 | 15.28±0.64 |

（续表）

| 取样高度 | 试样编号 | 径向抗拉强度（MPa） | 轴向抗拉强度（MPa） | 轴向抗剪强度（MPa） |
|---|---|---|---|---|
| 中上部 | 1 | 1.60 | 69.66 | 13.57 |
| | 2 | 1.55 | 63.73 | 14.45 |
| | 3 | 1.63 | 66.25 | 15.33 |
| | 4 | 1.64 | 72.36 | 14.16 |
| | 5 | 1.51 | 65.78 | 13.22 |
| | 平均值 | 1.59±0.06 | 67.56±3.43 | 14.15±0.82 |
| 上部 | 1 | 0.47 | 46.91 | 12.88 |
| | 2 | 0.60 | 50.43 | 13.29 |
| | 3 | 0.49 | 52.37 | 13.11 |
| | 4 | 0.51 | 49.90 | 12.96 |
| | 5 | 0.56 | 49.22 | 10.86 |
| | 平均值 | 0.53±0.05 | 49.22±2.48 | 12.62±0.99 |

从图 2-8（a）中可以看出，随着取样高度的增大，径向抗拉强度逐渐降低，轴向抗拉强度则先升高后又逐渐降低；玉米秸秆皮的径向抗拉强度的最大值出现在根部位置，平均值为 2.44 MPa；玉米秸秆皮的轴向抗拉强度的最大值出现在中下部位置，平均值为 94.47 MPa。玉米秸秆皮轴向抗剪强度平均值为 14.01 MPa。从图 2-8（b）中可以看出，随着取样高度的增大，轴向抗剪强度逐渐降低；玉米秸秆皮的轴向抗剪强度的最大值出现在根部位置，平均值分别为 21.72 MPa。

分别以取样高度、试样编号为自变量，以径向抗拉强度、轴向抗拉强度、轴向抗剪强度为因变量进行单因素方差分析，结果见表 2-7。从表 2-7 中可以看出，取样高度对玉米秸秆皮径向抗拉强度、轴向抗拉强度影响的 $P$ 值都小于 0.01，说明不同取样高度之间玉米秸秆皮的径向抗拉强度、轴向抗拉强度差异都极显著；试样编号对玉米秸秆皮径向抗拉强度、轴向抗拉强度影响的 $P$ 值都大于 0.05，说明玉米秸秆皮径向抗拉强度、轴向抗拉强度株间差异不显著。取样高度对轴向抗剪强度影响的 $P$ 值小于 0.01，说明不同取样高度之间玉米秸秆皮的轴向抗剪强度差异极显著；试样编号对玉米秸秆皮轴向抗剪强度影响的 $P$ 值都大于 0.05，说明玉米秸秆皮轴向抗剪强度株间差异不显著。

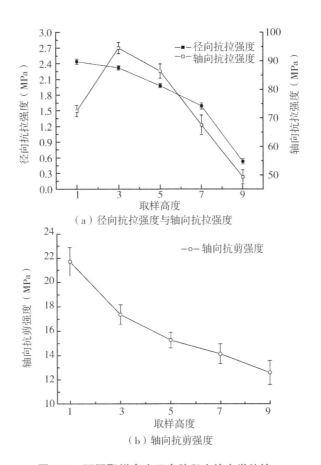

图 2-8 不同取样高度玉米秸秆皮的力学特性

注：1、3、5、7、9 分别表示玉米秸秆的根部、下部、穗位部、中上部、上部。下同。

2）玉米秸秆皮纤维形态特征与其力学特性相关性分析

从玉米秸秆抗倒伏性能、拉伸特性等相关研究的结论上分析，细胞组织结构是影响玉米秸秆皮力学特性的主要因素。利用灰色关联法，选取径向拉伸强度、轴向拉伸强度和轴向抗剪强度为考核指标，以纤维长宽比、壁腔比为评价指标，通过求解关联度来确定考核指标与评价指标之间的相关性，见表 2-7。

表 2-7　玉米秸秆皮力学特性的方差分析

| 项目 | | 变异来源 | 平方和 | 自由度 | 均方 | $F$ 值 | $P$ 值 | 显著性 |
|---|---|---|---|---|---|---|---|---|
| 径向抗拉强度 | 取样高度 | 组间 | 11.891 | 4 | 2.973 | 1 324.766 | 0.000 | 显著 |
| | | 组内 | 0.45 | 20 | 0.002 | | | |
| | | 总变异 | 11.936 | 24 | | | | |
| | 试样编号 | 组间 | 0.011 | 4 | 0.003 | 0.004 | 1.000 | 不显著 |
| | | 组内 | 11.925 | 20 | 0.596 | | | |
| | | 总变异 | 11.936 | 24 | | | | |
| 轴向抗拉强度 | 取样高度 | 组间 | 6 153.852 | 4 | 1 538.463 | 241.384 | 0.000 | 显著 |
| | | 组内 | 127.470 | 20 | 6.374 | | | |
| | | 总变异 | 6 281.323 | 24 | | | | |
| | 试样编号 | 组间 | 25.957 | 4 | 6.489 | 0.021 | 0.999 | 不显著 |
| | | 组内 | 6 255.366 | 20 | 312.768 | | | |
| | | 总变异 | 6 281.323 | 24 | | | | |
| 轴向抗剪强度 | 取样高度 | 组间 | 248.810 | 4 | 62.203 | 75.743 | 0.000 | 显著 |
| | | 组内 | 16.425 | 20 | 0.821 | | | |
| | | 总变异 | 265.235 | 24 | | | | |
| | 试样编号 | 组间 | 3.365 | 4 | 0.841 | 0.064 | 0.992 | 不显著 |
| | | 组内 | 261.870 | 20 | 13.094 | | | |
| | | 总变异 | 265.235 | 24 | | | | |

（1）关联度计算。将径向抗拉强度、轴向抗拉强度、轴向抗剪强度作为参考数列 $x_0$，比较数列为 $x_i = [x_1, x_2]$ 分别表示纤维长宽比和纤维壁腔比。由于各比较数列中量纲相同，因此不需要进行无量纲化处理。

根据试验数据中考核指标与评价指标的平均值计算参考数列与比较数列的绝对差值 $\Delta x_i = |x_0(k) - x_i(k)|$，其中 $k$ 取值为 1、2、3、4、5，依次表示为玉米秸秆的根部、中下部、穗位部、中上部、上部不同取样高度。绝对差值计算结果见表 2-8。

表 2-8　各指标间的绝对差值

| 项目 | | k | | | | |
|---|---|---|---|---|---|---|
| | | 1 | 2 | 3 | 4 | 5 |
| 径向抗拉强度 | $\Delta x_1$ | 121.238 | 123.422 | 120.328 | 109.626 | 94.434 |
| | $\Delta x_2$ | 0.246 | 0.198 | 0.028 | 0.436 | 0.008 |

（续表）

| 项目 | | k | | | | |
|---|---|---|---|---|---|---|
| | | 1 | 2 | 3 | 4 | 5 |
| 轴向抗拉强度 | $\Delta x_1$ | 51.3 | 31.3 | 35.95 | 43.71 | 45.78 |
| | $\Delta x_2$ | 70.184 | 92.316 | 84.406 | 66.352 | 48.646 |
| 轴向抗剪强度 | $\Delta x_1$ | 101.96 | 108.37 | 107.03 | 97.06 | 82.34 |
| | $\Delta x_2$ | 19.524 | 15.246 | 13.326 | 13.002 | 12.086 |

注：$k$ 取值为 1、2、3、4、5，依次表示为玉米秸秆的根部、中下部、中部、中上部、上部不同取样高度，下同；$\Delta x_1$ 为纤维长宽比与各考核指标的绝对差值，$\Delta x_2$ 为纤维壁腔比与各考核指标的绝对差值。

从表 2-8 中，得到径向抗拉强度与比较数列之间的二级最小差 $\min\limits_{i}[\min\limits_{k}|x_0(k)-x_i(k)|]$ 为 0.008，二级最大差 $\max\limits_{i}[\max\limits_{k}|x_0(k)-x_i(k)|]$ 为 123.422；轴向抗拉强度与比较数列之间的二级最小差 $\min\limits_{i}[\min\limits_{k}|x_0(k)-x_i(k)|]$ 为 31.3，二级最大差 $\max\limits_{i}[\max\limits_{k}|x_0(k)-x_i(k)|]$ 为 92.316；轴向抗剪强度与比较数列之间的二级最小差 $\min\limits_{i}[\min\limits_{k}|x_0(k)-x_i(k)|]$ 为 12.086，二级最大差 $\max\limits_{i}[\max\limits_{k}|x_0(k)-x_i(k)|]$ 为 108.37。通过式（2-13）分别计算径向抗拉强度、轴向抗拉强度、轴向抗剪强度与各评价指标间的关联系数，计算结果见表 2-9。根据式（2-14），分别计算径向抗拉强度、轴向抗拉强度、轴向抗剪强度与纤维长宽比、壁腔比等评价指标之间的关联度。通过计算得出，径向抗拉强度与纤维长宽比、纤维壁腔比等评价指标的关联度分别为 $r_1=0.3531$，$r_2=0.9972$；轴向抗拉强度与纤维长宽比、纤维壁腔比等评价指标的关联度分别为 $r_1=0.8885$，$r_2=0.6648$；轴向抗剪强度与纤维长宽比、纤维壁腔比等评价指标的关联度分别为 $r_1=0.4334$，$r_2=0.9643$。

$$\varepsilon_i(k)=\frac{\min\limits_{i}[\min\limits_{k}|x_0(k)-x_i(k)|]+\rho\max\limits_{i}[\max\limits_{k}|x_0(k)-x_i(k)|]}{|x_0(k)-x_i(k)|+\rho\max\limits_{k}[\max\limits_{k}|x_0(k)-x_i(k)|]}$$

$$(i=1,2;\ k=1,2,3,4,5) \qquad (2\text{-}13)$$

$$r_i=\frac{1}{5}\sum_{k=1}^{5}\varepsilon_i(k) \qquad (i=1,2) \qquad (2\text{-}14)$$

式中，$\varepsilon_i(k)$ 为关联系数；$r_i$ 为关联度；$\rho$ 为分辨系数，取值区间为 $[0,1]$，一般取值为 0.5。

表 2-9  各指标间的关联系数

| 项目 | | k | | | | |
|------|------|--------|--------|--------|--------|--------|
| | | 1 | 2 | 3 | 4 | 5 |
| 径向抗拉强度 | $\varepsilon_1$ | 0.337 4 | 0.333 3 | 0.339 0 | 0.360 2 | 0.395 3 |
| | $\varepsilon_2$ | 0.996 2 | 0.996 9 | 0.999 7 | 0.993 1 | 1 |
| 轴向抗拉强度 | $\varepsilon_1$ | 0.794 8 | 1 | 0.943 4 | 0.861 9 | 0.842 5 |
| | $\varepsilon_2$ | 0.665 8 | 0.559 4 | 0.593 3 | 0.688 5 | 0.817 0 |
| 轴向抗剪强度 | $\varepsilon_1$ | 0.424 4 | 0.407 7 | 0.411 1 | 0.438 2 | 0.485 4 |
| | $\varepsilon_2$ | 0.899 1 | 0.954 5 | 0.981 6 | 0.986 4 | 1 |

注：$\varepsilon_1$表示纤维长宽比与各评价指标间的关联系数；$\varepsilon_2$表示纤维壁腔比与各评价指标间的关联系数。

（2）相关性分析。由关联度计算结果可知，纤维长宽比与轴向抗拉强度的关联度大于 0.5，与径向抗拉强度的关联度小于 0.5，说明其对轴向抗拉强度的影响比径向抗拉强度大；纤维壁腔比与径向抗拉强度、轴向抗拉强度的关联度都大于 0.5，说明其对玉米秸秆皮的拉伸特性影响程度较大；纤维长宽比与轴向抗剪强度的关联度小于 0.5，而纤维壁腔比与轴向抗剪强度关联度大于 0.5，说明轴向抗剪强度与纤维壁腔比相关性较显著。按照关联度大小排序来看，即纤维壁腔比与径向抗拉强度关联度（$r$= 0.997 2）>纤维壁腔比与轴向抗剪强度关联度（$r$= 0.964 3）>纤维长宽比与轴向抗拉强度关联度（$r$= 0.888 5）>纤维壁腔比与轴向抗拉强度关联度（$r$= 0.664 8）>纤维长宽比与轴向抗剪强度关联度（$r$= 0.433 4）>纤维长宽比与径向抗拉强度关联度（$r$= 0.353 1），说明纤维壁腔比对径向抗拉强度和轴向抗剪强度影响较大，纤维长宽比对径向抗拉强度和轴向抗剪强度影响较小；纤维长宽比与纤维壁腔比对轴向抗拉强度都有影响，相比而言，纤维长宽比的影响程度更大。

图 2-9 为玉米秸秆皮的微观形貌。径向拉伸破坏的部位主要是玉米秸秆皮维管束与纤维束、纤维束与纤维束之间的黏结层区域（图 2-9a），而轴向拉伸和轴向剪切则是造成玉米秸秆皮维管束、纤维束等束状结构的断裂（图 2-9b）。可见，玉米秸秆皮径向拉伸时，此时纤维壁腔比占主导作用，则玉米秸秆皮的纤维壁腔比越大，即随着纤维壁厚度的增大和纤维腔直径的减小，纤维组织结构更加致密，纤维之间的黏结力越大，其抗拉强度也就越大；轴向拉伸时，纤维长宽比占主导作用，同时也受到纤维壁腔比的影响，纤维长宽比的增大使玉

米秸秆皮的塑性性能增强，而纤维壁腔比的增大使其弹性性能减弱，从而最大拉伸载荷也随之增大；轴向剪切时，纤维壁腔比起主导作用，纤维壁腔比增大使玉米秸秆皮韧性增强，其抗剪能力也增强。

 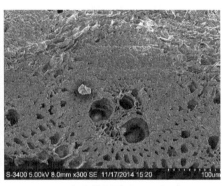

（a）弦切面（×200） （b）横切面（×300）

图 2-9 玉米秸秆皮的微观形貌

## 2.2 玉米秸秆穰

玉米秸秆穰中粗脂肪、粗蛋白与糖类等物质较高，它的内部展现出类似网孔状的结构构架，具有相对来说比较好的透气性功能。为实现玉米秸秆中皮、穰的有效分离，东北农业大学陈争光开展了玉米秸秆穰的拉伸和剪切特性试验。

试验选用相同的玉米秸秆，为了获取不同含水率的玉米秸秆穰，将玉米秸秆存于室内自然风干，并且定期测量穰的含水率，当含水率达到指标要求时，参考相关国家标准制作玉米秸秆穰的拉伸和剪切试验试样。利用 WDW-5 型电子万能材料试验机等仪器与设备进行拉伸和剪切试验。

试验结果见表 2-10。试验结果表明，取样位置、含水率和拉伸速度等因素均对玉米秸秆穰的抗拉强度有显著影响；拉伸速度越大，玉米秸秆穰的抗拉强度越小；随着含水率的升高，玉米秸秆穰的拉伸强度呈现先升高后下降的趋势。随着含水率的升高，玉米秸秆穰的剪切强度逐渐升高；剪切速度对剪切强度影响不显著；随着含水率的增加，玉米秸秆穰的剪切强度随着取样高度的逐渐下降而降低转变为随着取样高度的下降而增高。通过玉米秸秆穰试验，确定了不同含水率和取样位置条件下剪切功变化范围为 $70\times10^{-3}\sim1\,068\times10^{-3}$N · m，平均值为 $281\times10^{-3}$N · m。

表 2-10　拉伸和剪切强度试验结果

| 序号 | 加载速度<br>（mm/min） | 含水率<br>（%） | 取样高度 | 拉伸强度<br>（MPa） | 剪切强度<br>（MPa） |
|---|---|---|---|---|---|
| 1 | 2 | 10 | 1（稍部） | 1.683 63 | 0.272 065 |
| 2 | 2 | 10 | 2（中部） | 0.894 225 | 0.223 678 |
| 3 | 2 | 10 | 3（根部） | 1.270 85 | 0.191 337 |
| 4 | 2 | 40 | 1 | 1.841 | 0.609 352 |
| 5 | 2 | 40 | 2 | 1.891 52 | 0.562 823 |
| 6 | 2 | 40 | 3 | 1.778 17 | 0.445 152 |
| 7 | 2 | 70 | 1 | 0.741 43 | 0.633 133 |
| 8 | 2 | 70 | 2 | 1.456 09 | 0.738 069 |
| 9 | 2 | 70 | 3 | 1.100 49 | 0.869 736 |
| 10 | 20 | 10 | 1 | 1.280 99 | 0.244 666 |
| 11 | 20 | 10 | 2 | 0.573 228 | 0.192 908 |
| 12 | 20 | 10 | 3 | 0.729 54 | 0.149 033 |
| 13 | 20 | 40 | 1 | 0.513 35 | 0.472 502 |
| 14 | 20 | 40 | 2 | 1.121 83 | 0.420 158 |
| 15 | 20 | 40 | 3 | 1.525 6 | 0.351 154 |
| 16 | 20 | 70 | 1 | 1.090 29 | 0.482 167 |
| 17 | 20 | 70 | 2 | 0.553 048 | 0.702 893 |
| 18 | 20 | 70 | 3 | 1.006 23 | 0.820 024 |
| 19 | 50 | 10 | 1 | 0.622 31 | 0.196 417 |
| 20 | 50 | 10 | 2 | 0.296 449 | 0.163 548 |
| 21 | 50 | 10 | 3 | 0.537 405 | 0.150 348 |
| 22 | 50 | 40 | 1 | 0.547 364 | 0.353 608 |

（续表）

| 序号 | 加载速度<br>（mm/min） | 含水率<br>（%） | 取样高度 | 拉伸强度<br>（MPa） | 剪切强度<br>（MPa） |
|------|------|------|------|------|------|
| 23 | 50 | 40 | 2 | 0.554 011 | 0.268 377 |
| 24 | 50 | 40 | 3 | 0.414 1 | 0.241 895 |
| 25 | 50 | 70 | 1 | 0.341 09 | 0.452 71 |
| 26 | 50 | 70 | 2 | 0.530 76 | 0.644 256 |
| 27 | 50 | 70 | 3 | 0.328 36 | 0.732 555 |

## 2.3  玉米秸秆叶

玉米秸秆叶由叶片、叶鞘和叶枕 3 个部分组成。叶鞘包在茎秆节间周围，质地坚硬，纤维结构与叶片相似。叶枕在叶片、叶鞘连接处外侧，为色泽稍淡的带状结构，且在显著膨大的关节处。经测量，一般叶片长 800~1 000 mm，叶枕长 0.8~1 mm，叶鞘长 160~190 mm。玉米秸秆叶片的结构包括表皮、叶肉、叶脉 3 个部分；其中叶脉主要由大小不同的维管束组成，维管束外有一圈称为维管束鞘的薄壁细胞，以增强其机械作用。叶脉从叶鞘至叶尖方向逐渐变细，主脉尤为明显，叶鞘上叶脉排列紧密，测量叶片相邻叶脉间距为 4~5 mm，叶鞘相邻叶脉间距为 0.5~0.8 mm。

玉米秸秆叶占玉米秸秆质量和容积比例较大，其不同组成部分和位置在力学特性上存在较大差异。2001 年与 2011 年，国内学者相继对玉米秸秆在自然状态下茎叶连接特性进行了研究，结果表明，玉米秸秆茎叶结合强度差异不大，一般为 10.1~10.3 N/mm，总体上按生长高度由下到上依次增大，在穗位部或其上一节时达到最大，此后下降；包裹在茎秆节间周围的叶纵向抗拉力是其横向抗拉力的 2~4 倍。玉米穗部叶片最发达，比较肥厚，茎叶结合强度较大，玉米生长到一定阶段，茎秆根部附近叶开始枯黄，相应茎叶结合强度较弱。

为实现玉米秸秆叶的高效利用，东北农业大学孔凡婷开展了玉米秸秆叶的压缩试验。试验选用东北农业大学农作物试验田收获品种为东农 253 的玉米秸秆叶作为试验原料，测定其含水率在 8%～10%。选取经锤片式粉碎机粉碎后的玉米秸秆叶为压缩试验材料。压缩成型试验在万能试验机压缩试验台上完成。试验时将物料装入圆筒形压缩腔体内，压缩连杆在万能试验机横梁的作用下沿竖直方向移动，安装在压缩连杆上的压缩活塞对物料进行压缩。压缩过程中压力及位移分别以设置在万能试验机上的力传感器及位移传感器检出并输入计算机进行记录，经计算设置压缩活塞移动行程，将物料压至一定密度时停止压缩，并将成型块从压缩筒中取出。

依据本试验仪器测量范围以及平模制粒机实际工作中呈现的压缩状态，在预试验的基础上，本研究选取含水率（A）、压缩密度（B）及加载速度（C）3 个因素，开展粉碎后的玉米秸秆叶最大压缩力的试验研究。

物料的三因素二次回归正交旋转设计方案的编码值和实际值之间的对应关系分别如表 2-11 所示。

表 2-11　玉米秸秆叶压缩试验因素水平编码表

| 水平 | 试验因素 | | |
| --- | --- | --- | --- |
| | 含水率 A（%） | 压缩密度 B（g/cm³） | 加载速度 C（mm/min） |
| 2 | 10 | 0.43 | 16.36 |
| 1 | 14.05 | 0.5 | 30 |
| 0 | 20 | 0.6 | 50 |
| −1 | 25.95 | 0.7 | 70 |
| −2 | 30 | 0.77 | 83.64 |

玉米秸秆叶压缩试验按照二次回归正交旋转设计要求各做 24 组试验（其中心零点重复做 10 组），每组试验重复做 5 次取平均值。

玉米秸秆叶压缩试验方案与结果如表 2-12 所示。

表 2-12　试验方案与结果

| 序号 | 含水率 A（%） | 压缩密度 B（g/cm³） | 加载速度 C（mm/min） | 最大压缩力（kN） |
| --- | --- | --- | --- | --- |
| 1 | 1 | 1 | −1 | 5.88 |
| 2 | 0 | 0 | 0 | 6.02 |
| 3 | 0 | 0 | 0 | 6.00 |

（续表）

| 序号 | 含水率 A（%） | 压缩密度 B（g/cm³） | 加载速度 C（mm/min） | 最大压缩力（kN） |
|---|---|---|---|---|
| 4 | 0 | −1.682 | 0 | 3.70 |
| 5 | 0 | 0 | −1.682 | 5.38 |
| 6 | 1 | −1 | 1 | 2.20 |
| 7 | 0 | 0 | 0 | 6.96 |
| 8 | −1 | −1 | −1 | 4.19 |
| 9 | 0 | 0 | 0 | 6.19 |
| 10 | 1.682 | 0 | 0 | 1.78 |
| 11 | 0 | 0 | 0 | 6.32 |
| 12 | 0 | 0 | 0 | 6.14 |
| 13 | 1 | −1 | −1 | 2.11 |
| 14 | 0 | 1.682 | 0 | 13.02 |
| 15 | 1 | 1 | 1 | 5.72 |
| 16 | −1 | −1 | 1 | 6.28 |
| 17 | 0 | 0 | 0 | 6.76 |
| 18 | −1.682 | 0 | 0 | 10.15 |
| 19 | 0 | 0 | 1.682 | 7.23 |
| 20 | 0 | 0 | 0 | 6.27 |
| 21 | 0 | 0 | 0 | 6.06 |
| 22 | 0 | 0 | 0 | 6.17 |
| 23 | −1 | 1 | 1 | 12.87 |
| 24 | −1 | 1 | −1 | 10.94 |

通过 Design-Expert 8.0.10 软件对压缩试验数据进行分析处理，获得的回归模型的方差分析结果如表 2-13 所示。

表 2-13　玉米秸秆叶压缩试验数据方差分析表

| 模型项 | 均方 | F-值 | P-值 | 显著性 |
|---|---|---|---|---|
| 模型 | 190.97 | 119.37 | <0.0001 | ** |
| A | 77.13 | 433.89 | <0.0001 | ** |
| B | 96.52 | 542.97 | <0.0001 | ** |

（续表）

| 模型项 | 均方 | $F$-值 | $P$-值 | 显著性 |
|---|---|---|---|---|
| $C$ | 3.65 | 20.55 | 0.000 5 | ** |
| $AB$ | 4.56 | 25.67 | 0.000 2 | ** |
| $AC$ | 2.08 | 11.72 | 0.004 1 | ** |
| $BC$ | 0.02 | 0.12 | 0.735 1 | |
| $A^2$ | 0.99 | 5.54 | 0.033 7 | * |
| $B^2$ | 5.85 | 32.89 | <0.000 1 | ** |
| $C^2$ | 0.26 | 1.45 | 0.247 9 | |
| 失拟检验 | 1.56 | 3.02 | 0.071 4 | |

注：** 表示极显著；* 表示显著。

由表 2-13 可以看出失拟性不显著，回归模型显著，由 Design Expert 8.0.10 软件分析还可获得模型决定系数分别为 $R^2 = 0.987\ 1$，说明回归模型与试验结果拟合程度较好，可用于预测三因素对粉碎后玉米秸秆叶的最大压缩力的影响。

粉碎后玉米秸秆叶的最大压缩力（用 $F_{压}$ 表示）的二项式回归模型分别如式（2-15）所示。

$$F_{压} = +6.30 - 2.38A + 2.66B + 0.52C - 0.76AB - 0.51AC$$
$$-0.051BC - 0.25\ A^2 + 0.60\ B^2 - 0.13\ C^2 \tag{2-15}$$

在上述回归模型公式（2-15）中，由各因素的一次项系数绝对值及 $F$ 值可以看出，各因素对最大压缩力的影响显著性排列顺序为压缩密度（542.97）>含水率（433.89）>加载速度（20.55），可知对最大压缩力贡献最大的因素是压缩密度，然后依次为含水率、加载速度。模型的各项中，单因素含水率（$A$）、压缩密度（$B$）、加载速度（$C$），两因素（$AB$）与（$AC$）之间的交互项及压缩密度（$B$）的二次项影响极显著，含水率（$A$）的二次项影响显著。

试验中发现，粉碎后玉米秸秆叶的最大压缩力随着含水率的增加呈现逐渐下降的趋势，这主要因为玉米秸秆为黏弹性物料，压缩过程中随着含水率增大物料回到黏弹态，纤维素弹性回复力释放，纤维更加柔韧便于压缩密化，物料可压缩性好；另外，压缩腔壁以及物料之间的摩擦系数减小，产生的摩擦力也减小。而随着压缩密度的增加，玉米秸秆叶最大压缩力增大，原因是当压缩密度较小时，玉米秸秆叶总塑性变形量小，最大压缩力数值较小，主要为消除物料间隙压缩力；此后随压缩密度的不断增加，压缩腔内粉碎后的玉米秸秆叶间空隙变小，压缩时腔体内物料总变形量增加、物料间相互作用力增大，这与闭式容器内的压缩试验结果相同。

在压缩试验中，随着对物料加载速度的增大，最大压缩力随之增大。这是因为加载速度越大，玉米秸秆叶所受冲击载荷越大，弹性力回复时间越短，压缩力主要用于物料塑性变形，塑性变形力大于弹性变形力。

由式（2-15）回归模型可以看出在压缩状态下，最大压缩力交互作用影响中含水率（$A$）和压缩密度（$B$）及含水率（$A$）和加载速度（$C$）的交互作用均最显著。

试验范围内，将试验参数中压缩密度及加载速度其中一个因素固定为零水平，由压缩模型得到其他两个因素的交互作用响应分别如图 2-10 所示。

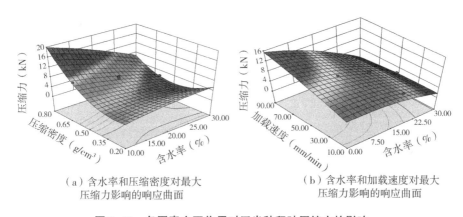

（a）含水率和压缩密度对最大　　　　　（b）含水率和加载速度对最大
　　　压缩力影响的响应曲面　　　　　　　　压缩力影响的响应曲面

**图 2-10　各因素交互作用对玉米秸秆叶压缩力的影响**

含水率与压缩密度交互作用对最大压缩力有显著影响，其响应曲面如图 2-10（a）所示。由图 2-10（a）中曲面曲线变化可知，当压缩密度逐渐增大时，最大压缩力随含水率的增大而减小且变化更显著，主要因为在压缩密度较大时，压缩各阶段作用更加明显，尤其是对最大压缩力影响显著的含水率因素，随着含水率的增大，弹性变形阶段延长，物料更易压缩，压缩力整体呈下降趋势。含水率和加载速度的交互作用最大压缩力的响应曲面如图 2-10（b）所示，当含水率一定时，随着加载速度的增加，最大压缩力增大，且加载速度对最大压缩力的影响随含水率的减小而更加显著。

在试验范围内压缩力增至最大值时，压缩成型块仍处于制粒机理的预压缩阶段，结构仍比较松散，分层现象明显，尽管水分使物料软化，但物料间颗粒结合力不强，物料仍需进一步挤压变形以完成颗粒的压制。并由以上分析结果推测：用作粗饲料的高纤维玉米秸秆叶粉碎物料在压缩成型过程中需添加具有黏结剂作用的淀粉类物料，以增强黏结成型效果并可提高其营养价值；如需生产出符合国家标准的颗粒饲料，压缩制粒时应进一步增大成型压力，即选择制粒装置适合的模孔直径和主轴转速。

# 3 玉米秸秆皮穣叶分离技术

有关皮穣叶分离的研究，国内主要集中在甘蔗除叶方面，有关玉米秸秆皮穣叶分离始于西北农林科技大学秸秆综合利用课题组。目前，玉米秸秆皮穣叶分离技术方向主要分为气流分离和机械分离两个方面。

## 3.1 玉米秸秆皮穣叶气流分离装置

玉米秸秆组分分离需要根据其组分特点选择适宜的分离方法，由于皮穣叶不同组分的密度上存在一定的差异，因此可用气流分离的方法实现组分分离。气流分离的常用方法有倾斜气流分离和垂直气流分离。倾斜气流分离的气流和物料流动都较为简单，分离装置及运行费用较低、适应性强、应用面广。垂直气流分离对气流及物料流动要求较高，一般需要密封的分离室及分离系统，分离装置及运行费用相对较高。理想的分离方法应该简单经济，具有较高的分离率，同时能够满足规模化处理的要求。西北农林科技大学杨中平利用粉碎后的玉米秸秆进行了水平气流分离和垂直气流分离方法研究，设计并研制了气流分离装置，确定了主要部件及工作参数，并对垂直气流分离系统及装置进行了调试与试运行，开展进行了茎秆碎料的分离试验，深入探索了影响皮与穣的垂直气流分离的主要因素及变化规律，为原料分离的工业化处理提供了分离方法及基础参数。

### 3.1.1 水平气流分离装置

#### 3.1.1.1 水平气流分离原理

玉米秸秆碎料在倾斜气流中沉降时，一方面在重力作用下作沉降运动，另一方面受到水平方向高速倾斜气流作用，沿水平方向运动。

在理想状态下，其运动轨迹见式（3-1）、式（3-2）

$$x = \int_{\theta_0}^{\theta} \frac{v_x}{g cos\beta}(u_x - v_x)\,d\theta \qquad (3-1)$$

$$y = \int_{\theta_0}^{\theta} \frac{v_x}{g cos\beta}(u_y - v_x t\theta)\,d\theta \qquad (3-2)$$

式中，$\theta_0$ 指当 $\theta$ 为时间 $t=0$ 和时间为 t 时，相对速度 $v$ 与 $x$ 轴正向的夹角，$\beta$ 为初始气流速度 $u_0$ 与 $x$ 轴的夹角；$u_x$、$v_x$ 分别为气流速度 $u$、相对速度 $v$ 沿 $x$ 向的分速度，其中 $v_x$ 是 $\theta$ 的函数：

$$v_x = \pm\sqrt{\frac{k}{g}\left[\frac{sin\theta}{cos^2\theta} + \ln tg\left(\frac{\pi}{4} + \frac{\theta}{2}\right) - \frac{sin\theta_0}{cos^2\theta_0} - \ln tg\left(\frac{\pi}{4} + \frac{\theta_0}{2}\right)\right] + \frac{1}{v_{0x}^2}}$$

$$(3-3)$$

式中，$v_{0x}$ 为 t=0 时的相对速度。由于上式中 $x$ 和 $y$ 都是 $\theta$ 的函数，当 $\theta$ 值沿沉降曲线变化时，就可得到轨迹上对应的位置（$x$，$y$）。

倾斜气流利用不同组分在水平方向吹移的距离差异进行分离。茎秆碎料在气流中运动时，由于各组分的重力、形状及迎风面积不同，所受气流作用力不同，其获得的初始加速度和运动轨迹也不同。重组分和大颗粒物料被风吹得近，轻组分和小颗粒物料则较远，也即临界速度较大组分的落点较近，临界速度较小的组分的落点较远。如果混合物料所有粒度分布都能实现分离，且在 $x$ 方向没有或很少重叠，两种组分就可以分离。

## 3.1.1.2 水平气流分离装置

利用倾斜气流分离原理，研制的玉米秸秆碎料水平气流分离装置如图 3-1 所示。该装置主要由机架、料仓、风机、传动装置和沉降隧道组成，风机出口为水平布置，物料为垂直进料。主要参数：风机出口尺寸 600 mm×300 mm。物料出料口高度 1.6 m，隧道高度 1.9 m，长度 6 m，宽度 0.8 m。实测风机出口最大风速为 12 m/s。

秸秆碎料水平气流分离的工作过程：风机启动，在沉降隧道中形成水平气流；物料从进料口依靠重力垂直进入沉降隧道；物料在重力沉降过程中，首先受到风机出风口的水平高速气流作用，加速获得水平运动速度，然后受沉降隧道水平气流作用，进行水平方向运动。由于物料不同组分粒度分布不同，形态、密度存在差异，故风阻系数不同，因此最终合成的沉降轨迹不同。大颗粒、高密度组分水平位移较小，首先降落；小颗粒、低密度组分物料水平位移较大，较晚降落。如果两种组分沉降区域在沿隧道长度方向存在明显分界面，不同组分将得到分离。风机风速可以通过调节进风口面积的方法进行控制。进料量采用人工控制，在设定时间均匀送入规定的原料。

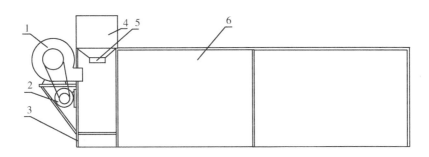

图 3-1  水平气流分离装置

1-风机；2-电机；3-机架；4-料仓；5-进料口；6-分离室

从分离原理及经验来看，影响水平气流分离效果的主要因素有物料形态、风速、进料量、沉降高度等。考虑到粉碎物料有大体相似的形态及粒度分布，并且由于水平风速分布区域有限，影响分离的沉降高度主要分布在 0.8~1.2 m 以内，试验将首先考察该分离方法对该物料的适应性。

水平气流分离装置分离试验研究结果表明，皮分离率随风速增大而减小，中等进料量较好；穰分离率、皮分离率随风速增大而增大，随进料量增大缓慢减小；综合分离率随风速增大略有降低，中等进料量较好。综合分析来看，试验结果及效果还不理想，试验没有达到预期目的，还存在组分分离率低、动力不足、作业成本高的问题，以及由于皮及穰碎料在形状、粒度和风力特性上有较多相似，因此其气流分离存在较大难度。

## 3.1.2  垂直气流分离装置

### 3.1.2.1  垂直气流分离原理

物料在垂直气流中的分离是根据物料各组分悬浮速度存在差异来进行的。悬浮速度为 $v_1$ 和 $v_2$ 的两种组分的物料在垂直气流中运动时，根据气流速度 $u$ 和组分悬浮速度 $v$ 的关系，各组分就会作不同的运动，如图 3-2 所示。

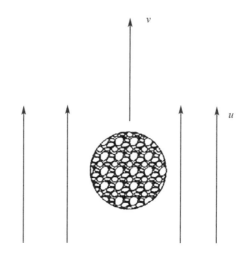

图 3-2　垂直气流分离原理

在当组分悬浮速度 $v_1$ 大于气流速度 $u$ 时，就会作向下的沉降运动；当组分悬浮速度 $v_2$ 小于气流速度 $u$ 时，就会作向上的上浮运动，从而使物料得到分离。两种组分悬浮速度的差异越大，分离效果越好。合理选择气流速度 $u$，就可以获得较佳的分离效果。

在实际分离时，是众多颗粒在一定范围内运动。颗粒运动不仅受到流体的推力和阻力，还存在其他颗粒的干扰阻力，以及颗粒与管壁之间的摩擦与碰撞阻力。所以，颗粒群的干扰沉降速度，即颗粒群的悬浮速度 $v_n$ 比单颗粒的自由沉降速度 $v_0$ 小。当体积浓度 $m_0 = q_{vs}/q_{vp}$ 在 5% ~ 25% 范围内，$v_n$ 可按式（3-4）计算：

$$v_n = v_0 \ (1-m_0)^\beta \qquad (3-4)$$

式中，$\beta$ 为实验指数，其与颗粒绕流雷诺数 $R_{eS}$ 有关。但是，如果物料粒度分布存在差异，两种组分分离时就有可能出现分离不彻底的现象。一般，粒度分布越宽，这种现象越严重。因此，对于复杂混合物料必须根据物料特性及分离要求合理选择气流速度，并通过试验确定在一定的分离条件下，物料组分所能达到的分离程度。

### 3.1.2.2　垂直气流分离装置

垂直气流分离装置，如图 3-3 所示。该装置主要由机架、风机、分离室、进料管、匀风板、拨料器、皮排料箱、穰碎料卸料除尘袋等组成。分离室规格

为 Φ500 mm×600 mm，风速以分离室中部直径 300 mm 处的平均值作为分离室风速。风机启动后，气流从分离室下部进入，经过匀风板进入分离室，形成从下向上的垂直气流，其平均速度为 $v$；物料从进料口进入分离室，作重力沉降运动，$H$ 为进料口末端距离拨料器的高度；物料进入分离室后，受到上升气流的阻碍，迅速扩散，根据其悬浮速度的大小分别作不同的运动。悬浮速度大于 $v$ 的颗粒向下沉降，落在匀风板上，经拨料器收集后进入皮碎料箱；悬浮速度小于 $v$ 的颗粒向上沉降，经过风机后进入穰碎料卸料除尘袋。因此，碎料进入分离器后，重组分向下运动，轻组分向上运动，经过分离将分别得到皮和穰的碎料。

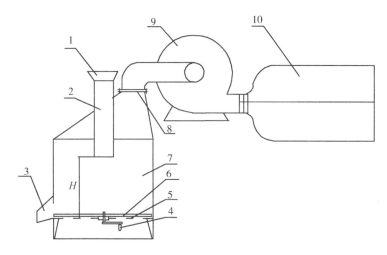

**图 3-3　试验装置**

1-进料口；2-进料管；3-重料出口；4-拨料器摇杆；5-匀风板；

6-拨料器；7-分离室；8-风量调节；9-风机；10-穰碎料卸料除尘袋（轻料出口）

垂直气流分离装置试验结果表明，影响垂直气流分离的分净率和分离率等试验指标的主要因素为风速、进料量、粒度、进料位置。在试验条件下，其影响大小排序为：风速、粒度、进料位置和进料量。风速增大，皮分净率提高，但皮分离率降低；穰分离率和分净率则相反；粒度较大时，对分离较为有利。进料位置高，皮碎料沉降路径长，重组分分离效果好；进料位置低，穰碎料上升路径长，轻组分分离效果好。进料量小有利于提高分离效果，但是，也将导致单位风力物料负荷低，分离效率低。

该试验装置虽然成功地验证了垂直气流分离的可行性，但仍存在许多不足。分离室较小，风速分布不够均匀；进风口为开式结构，进风量不便调节与控制；部分物料通过匀风板沉降至地面，不便收集；进料量大时，匀风板上物料分离还不够充分，容易出现部分颗粒较大的穰碎料，其原因可能是物料在下降过程中难以充分均匀分散；穰原料的卸料方式阻力过大，严重影响分离效率等。该方法从原理上较为适宜于秸秆碎料的气流分离，分离动力明显提高，分离效果显著改善。对于该实验装置存在的诸多问题，需要从技术上进行改进，设计更为完善的分离装置，结合生产应用进行试验，进一步提高其分离效果。

## 3.2 玉米秸秆皮穰叶机械分离装置

国内外学者对于秸秆组分分离方法和装置进行了一定的研究，采用机械分离法的装置工作原理主要是利用打击、搓擦或梳刷的原理先将单株玉米秸秆的叶去除，再将秸秆切开、展平、刮削将穰去除，最后将皮输送出机外的工作循环过程；按照一次喂入秸秆的数量，可分为单通道和多通道玉米秸秆皮穰叶分离装置。

玉米秸秆皮穰叶分离装置总体上由三大模块组成：除叶机构、切割展开机构、皮穰分离机构。在第一代基于切刀式多通道玉米秸秆皮穰叶分离装置的基础上，河南农业大学王德福等（2013）通过研制基于支持板上置的齿刀式皮穰分离机构，优化设计了第二代玉米秸秆皮穰叶分离装置，也称为玉米秸秆皮穰叶分离机，主要包括喂入机构、除叶机构、皮穰分离机构、皮磨削机构、传动机构等，见图3-4。工作时，将玉米秸秆根部定向喂入喂入对辊之间，在喂入对辊夹持作用下进入V齿除叶对辊与板齿除叶对辊，通过打击、梳刷、搓擦等作用，大部分叶片脱离茎秆可实现玉米秸秆茎叶分离；然后，玉米秸秆经过切割辊的切割作用、展开部件的展开和压平对辊的碾压输送，玉米秸秆进入剥穰辊和支持板之间，由高速旋转的剥穰辊在支持板的辅助下实现玉米秸秆穰与皮的剥离；最后，玉米秸秆皮经磨削对辊磨削后导出。第二代玉米秸秆皮穰叶分离装置的外形尺寸为：长度1 866 mm、宽度945 mm、高度1 000 mm；其主要技术参数为：加工通道为4通道、生产率为0.5 t/h、配套动力为4 kW。

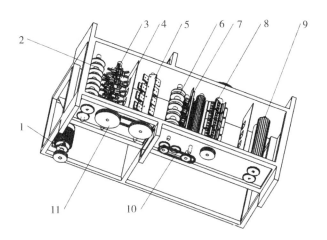

图 3-4　玉米秸秆皮穰叶分离机

1-电动机；2-除叶输送辊；3-V 齿除叶辊总成；4-导向定位板；
5-板齿除叶对辊；6-切割辊；7-展开装置；8-剥穰辊总成；9-皮磨
削装置；10-链轮组；11-皮带轮组

## 3.2.1　除叶机构

除叶机构主要包括喂入对辊、以冲击与梳刷除叶为主的 V 齿除叶对辊、板齿除叶对辊，其除叶示意图如图 3-5 所示。

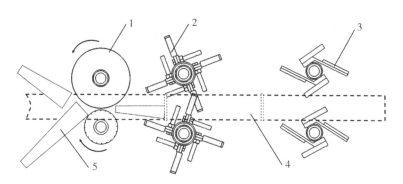

图 3-5　玉米秸秆除叶过程示意

1-喂入对辊；2-V 齿除叶对辊；3-板齿除叶对辊；4-玉米秸秆；5-玉米秸秆叶

### 3.2.1.1 除叶输送辊总成

除叶输送辊总成由凹槽（梯形槽）齿辊与横齿托辊组成，其主要作用是以确定的速度输送玉米秸秆的根部至除叶机构，并辅助除叶功能。喂入的玉米秸秆在横齿托辊支持下由内部加工有锯齿形状凸起的凹槽齿辊夹持输送，可增加摩擦力并更好地喂入玉米秸秆，如图 3-6 所示。

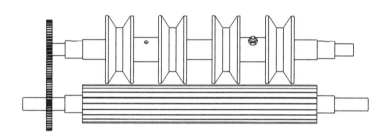

图 3-6　除叶输送辊总成

除叶输送辊的结构设计主要是确定凹槽齿辊梯形槽结构参数，及横齿托辊的外径。凹槽齿辊的梯形槽结构参数主要是梯形槽底宽 $B_1$、梯形槽顶宽 $B_2$、梯形槽高度 $H$，见图 3-7。梯形槽顶宽设计主要考虑易于玉米秸秆通过，梯形槽底宽和高度设计主要考虑夹持玉米秸秆。

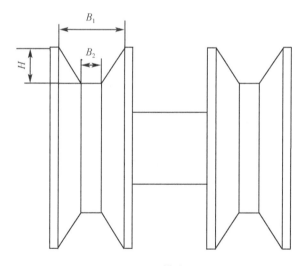

图 3-7　凹槽齿辊

评价除叶输送辊总成的性能参数主要有：一是通过性能，即每根玉米秸秆通过输送辊的能力；二是定向性能，即每根玉米秸秆定向输送的直线性。

玉米秸秆最大直径通常约为 30 mm，是在第一代玉米秸秆皮穰叶分离机的基础上进行试验结果作为参考，确定了梯形槽结构参数：底宽 $B_1$ 为 15 mm、顶宽 $B_2$ 为 48 mm、高度 $H$ 为 25 mm。进而确定了凹槽齿辊结构参数：外径为 140 mm、宽度为 60 mm。除叶输送辊转速对秸秆通过性能、整机生产效率及除叶效果都有影响，在保证生产率的条件下，取较低的转速值有利于辅助除叶。本节选取凹槽齿辊转速 143 r/min、横齿托辊转速 188 r/min，因而凹槽齿辊（以凹槽中径计其作用线速度）与横齿托辊的作用线速度比为 1.14，从而设计横齿托辊外径为 80 mm。

### 3.2.1.2　V 齿除叶辊总成

V 齿除叶辊总成由相对等速旋转的两个 V 形齿除叶辊组成，同一个辊上根据通道数量安装 4 组除叶齿板，每组除叶齿板由 4 个 V 齿以 90°相位差安装在托架上，每个 V 齿托架安装有 2 个钉齿，以避免玉米秸秆叶在除叶辊上缠绕堆积，见图 3-8。参照第一代玉米秸秆皮穰叶分离机参数，将 V 齿底宽设定为 20 ~ 30 mm、顶宽设定为 40 ~ 50 mm、高度大于 35 mm，齿辊转速设定为 600 r/min，此时有利于除叶作业，相对降低了设备功耗。

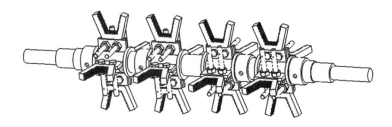

图 3-8　V 齿除叶辊

### 3.2.1.3　板齿除叶对辊的设计

板齿除叶对辊由两个相对等速旋转的板齿除叶辊组成，板齿除叶辊上安装有板型除叶侧齿板和板型除叶顶齿板，安装相位角为 180°。工作时，上下除叶辊相对的除叶齿板相位差为 90°，上下除叶辊可实现对玉米秸秆茎秆的四边形包络除叶。由图 3-9 所示，间距 $c$ 或宽度 $b$ 对包络除叶影响较大，考虑到齿板对秸秆的导入、冲击、梳刷、搓削作用要求，间距 $c$ 取 3 mm，则根据玉米秸秆直径参数将宽度 $b$ 定为 34 mm，除叶对辊的转速定为 600 r/min。

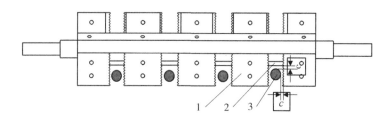

图 3-9　板齿结构示意

1-板型除叶侧齿板；2-板型除叶顶齿板；3-玉米秸秆

### 3.2.1.4　切割辊与展开机构

根据第一代玉米秸秆皮穰叶分离机试验数据，确定配置切刀的齿槽辊与横齿托辊组成切割辊机构，在横齿托辊支持下实现对秸秆的夹持、切割、输送等主要功能。为利于秸秆的导入、夹持、沿中部切割，并考虑切割辊、喂入辊对玉米秸秆输送速度的匹配，将齿槽辊的梯形槽结构设计为底宽 5 mm、顶宽 45 mm、槽高 25 mm，切割辊直径 140 mm、宽度 52 mm，转速选取 143 r/min，横齿托辊直径为 80 mm，转速选取 188 r/min，切割辊与横齿托辊的间隙选取为 2 mm。

展开部件由固定展开翘板与旋转的凹槽齿辊组成，实现对已切开玉米秸秆的展开、输送等主要功能，且由凹槽齿辊输送作用，进一步实现玉米秸秆上剩余叶鞘的去除作业。按照前后两个展开段设计固定展开翘板，并将凹槽齿辊按展开玉米秸秆的弧形进行设计，其工作面加工成钩型齿，固定展开翘板与凹槽齿辊的间距从内到外设计为 6～16 mm，同时将凹槽齿辊导送玉米秸秆的线速度选取为前道工序横齿托辊线速度的 1.1 倍，实现在固定展开翘板支持下凹槽齿辊对玉米秸秆的挤压输送。工作时，由凹槽齿辊对玉米秸秆的挤压力产生的搓削导送力若大于玉米秸秆的叶鞘联结力，则实现在玉米秸秆的展开、输送的同时进行辅助除叶。本研究设计的凹槽齿辊宽度 70 mm、最小径 80 mm、最大径 94 mm，转速选取 206 r/min，固定展开翘板长度为 124 mm、前段最宽 65 mm、后段最宽 112 mm、高度 38 mm。

## 3.2.2　皮穰分离机构

皮穰分离机构包括压平对辊、剥穰辊、挡板、输出辊等部件，其中剥穰辊是玉米秸秆皮穰分离机构的关键部分。工作时，被沿轴线切割并展开的玉米秸秆在压平对辊（展开喂入辊）的作用下，玉米秸秆被切割碾压平整，并以一定的速度输送至剥穰辊，在支持板的支持下由安装在剥穰辊上的齿刀产生的刮削作用剥离秸秆内穰，玉米秸秆皮由输出对辊（磨削对辊）将表皮层磨削并导出，完成皮穰分离。

## 3.2.3　磨削对辊装置

磨削对辊装置是在原有输出对辊的基础上改进而成的，由上传动辊和下磨削辊（砂轮辊）组成，初步设计的传动辊直径 100 mm，宽与砂轮辊相同。下砂轮辊与上传动辊采用差速旋转，借用差速产生的揉搓力使砂轮能充分磨削玉米秸秆皮，为保证秸秆平稳输送，差速比选择线速度比 1∶1.2。由此设计两辊间的传动齿轮，又因为机体原因，齿轮的直径不能过大，初步设计齿轮选择标准齿轮，大齿轮分度圆直径为 122 mm，小齿轮分度圆直径为 102 mm。齿轮材料计划选用经热处理加工的优质碳钢。另将传动辊设置为与压平对辊相似结构，以获取足够的摩擦力，可避免出现因传动辊磨削不充分，或是秸秆输出速度慢造成堵塞等问题。因所需的磨削高度为 0.04 mm，磨削辊与传动辊的间隙为磨削间隙，而剥穰后的玉米秸秆皮厚度一般为 1.7~2.0 mm，因此，初步确定磨削间隙为 1.65~1.95 mm，并设置磨削间隙 1.55~2.00 mm 可调。

## 3.2.4　玉米秸秆皮穰叶分离试验

选用成熟后的先玉 335 品种的玉米秸秆，收获后晾晒至整秆含水率为 16%左右；为保证玉米秸秆皮完整性，在剥穰辊转速为 1 080 r/min、剥穰辊总成上安装的剥穰刀与支持板之间的齿板间隙为 1.8 mm、剥穰刀片齿刃角为 40°条件下进行玉米秸秆皮的制备试验。试验结果表明，玉米秸秆皮穰叶分离机的除叶率在 97%以上，穰剥净率在 95%以上，玉米秸秆皮完整率大于 95%。分离后的玉米秸秆皮见图 3-10。

图 3-10　皮穰叶分离加工后的完整玉米秸秆皮

# 4 玉米秸秆皮颗粒燃料制备技术

农作物秸秆是非常重要的可再生资源，其利用率的提高对减少温室气体排放、保护环境、提高农民收入和建设生态农业具有战略意义。目前，我国仅玉米秸秆年产就达 2 亿 t 以上，而其 60%以上分布在东北和黄淮海地区，而这些地区的农村生活取暖、工业锅炉、热电厂等对秸秆的需求量非常大，生物质成型燃料产业具有广阔的市场前景。

玉米秸秆不同组分的化学成分差异很大，其中，玉米秸秆皮中有含量较高的木质素和与木材特征相近的纤维素（分别占到总量的 26.75%和 36.66%），燃烧灰分少，适用于作为高热值生物质成型燃料、造纸原料和建筑材料。国内外对玉米秸秆皮的利用研究主要集中在制板工艺研究上，对其颗粒燃料化利用的研究极少。已开展的生物质颗粒成型燃料研究大都以木屑、稻壳、小麦秸秆、水稻秸秆、玉米秸秆、柳枝稷等为原料，且主要以分析成型机理、不同原料颗粒成型密度、抗破碎性等成型质量的差异和部分影响因素为主，而在原料预处理方法、不同成型工艺参数组合对颗粒成型质量和设备能耗影响规律等方面还需要进一步深入研究。颗粒成型燃料生产中，平模颗粒成型机与其他成型设备相比，不仅设备结构简单、能耗低、成型率高，而且对农作物秸秆加工适应性较强，适用于小型规模化生产。本章介绍利用自制的平模颗粒成型机，针对影响玉米秸秆皮颗粒成型性能的主要因素进行试验研究，为提高玉米秸秆的应用价值并促进其颗粒燃料化利用提供科学依据。

## 4.1 材料与设备

原材料选用先玉 335 品种的玉米秸秆皮（皮的质量约占秸秆总质量的 40%）。使用自行设计的平模颗粒成型机试验台，其试验台设有功耗在线测控系统，该系统采用标准 MODBUS-RTU 协议，将功耗电信号以固定数据格式通过

485-USB 转换器传输到计算机，见图 4-1。平模颗粒成型机为动盘式，电机功率为 22 kW；其 5 个平模的模孔直径为 4 mm、6 mm、8 mm、10 mm、12 mm，模盘直径均为 300 mm；2 个压辊的表面配有直齿，直径为 118 mm，厚度为 70 mm；压辊与模盘之间间隙在 0.100~0.664 mm 范围内可调。

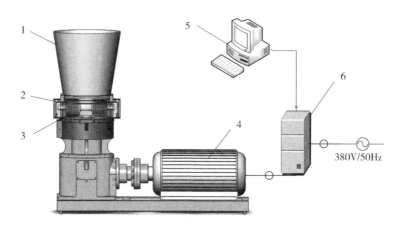

**图 4-1 平模颗粒成型机试验台**

1-料斗；2-压辊；3-模盘；4-电机；5-计算机；6-变频器

其他设备与仪器主要有：上海一恒仪器厂 DHG-9420A 型恒温鼓风干燥箱、三菱 F700 型变频器、常德市仪器厂 SSZ 震摆式筛沙机、精创 TM902C 型便携式数显电子温度计、奥多利斯 BSA3202S 型电子天平（精度为 0.01 g）、游标卡尺（精度 0.01 mm）、粉碎机等。

## 4.2 研究方法

### 4.2.1 试验因素的选择

目前，国内外利用平模颗粒成型机进行生物质制粒的试验主要考虑原料特性和设备性能参数等因素，而对入料温度（进入平模颗粒成型机的物料温度）与原料含水率调质处理工艺参数组合及模孔长径比与主轴转速的设备性能参数组合的试验研究相对较少。本章拟对玉米桔秆皮经调质（温度与含水率）处理因素及关键机构与运动因素开展组合试验研究，以确定玉米桔秆皮的颗粒成型性能及其设备功耗变化的规律。经预试验，设定模辊间隙在 0.1～0.2 mm 范围内，以确保获得较高的生产率和成型率，并将入料温度、原料含水率、模孔长径比、主轴转速等作为本研究的试验因素。

## 4.2.2　试验评价指标及测定方法

### 4.2.2.1　成型密度

参照国家农业行业标准 NY/T 1881.1—2010《生物质固体成型燃料试验方法　第7部分：密度》，采用立体体积估算法测量并计算成型后样品的成型密度，具体计算见式（4-1）。

$$\rho = \frac{4m}{\pi L D^2} \tag{4-1}$$

式中，$\rho$ 为成型密度，g/cm³；$m$ 为样品质量，g；$L$ 为样品长度，mm；$D$ 为样品直径，mm，每隔 90° 检测一次，取平均值。

### 4.2.2.2　吨产品能耗

吨产品能耗是评价生物质成型设备条件的主要指标，表示单位时间内生产 1 t 产品所消耗的电能。参照国家农业行业标准 NY/T 1883—2010《生物质固体成型燃料成型设备试验方法》，按照式（4-2）计算吨产品能耗。

$$W = \frac{1\,000P}{Q} \tag{4-2}$$

其中，生产率的计算公式为

$$Q = 3\,600 \times \frac{m(1-H)}{t(1-15\%)} \tag{4-3}$$

式中，$W$ 为吨产品能耗，kW·h/t；$P$ 为消耗的电能，kW；$Q$ 为生产率，kg/h；$t$ 为接取样品的时间，s；$m$ 为接取样品的质量，kg；$H$ 为成型燃料的含水率，%。

# 4.3　试验设计

根据 Central Composite 响应面法进行四因素五水平试验设计，其中 $A$、$B$、$C$、$D$ 分别表示入料温度、原料含水率、模孔长径比和主轴转速 4 个影响因素的编码值，−2、−1、0、1、2 分别表示自变量编码的 5 个水平，成型密度 $Y_1$ 和吨产品能耗 $Y_2$ 为评价指标。利用 Design-Expert 8.0.6 软件对试验数据进行处理，得出相关的回归方程，并对最佳工艺参数组合进行优化。各因素水平编码，见表 4-1。

表 4-1　各因素水平编码表

| 编码水平 | 因素 | | | |
| --- | --- | --- | --- | --- |
| | 入料温度（℃） | 原料含水率（%） | 模孔长径比 | 主轴转速（r/min） |
| 2 | 95 | 30 | 3.48 | 226 |
| 1 | 90 | 25 | 3.24 | 206 |
| 0 | 85 | 20 | 3.00 | 186 |
| −1 | 80 | 15 | 2.76 | 166 |
| −2 | 75 | 10 | 2.52 | 146 |

## 4.4　结果与分析

利用 Design-Expert 8.0.6 软件对试验结果（表 4-2）进行分析，得到各响应值的多元二次回归模型，见式（4-4）、式（4-5）。通过方差分析对回归模型进行检验，结果见表 4-3、表 4-4，失拟性项 $F$ 值>0.05，模型项 $P$ 值<0.01，修正系数 $R^2$>0.800 0，说明各试验因素与成型密度、吨产品能耗之间存在极显著的相关关系，回归模型是合适的。

$$Y_1 = 1.23 + 0.012A - 0.025B + 0.077C - 0.013D + 0.020AB + 0.017AC + 0.057BC + 0.026BD + 0.026CD - 0.030A^2 - 0.063B^2 - 0.043C^2 - 0.046D^2$$

$$R^2 = 0.985\ 7 \tag{4-4}$$

$$Y_2 = 77.97 - 4.24A - 6.45B + 18.30C - 6.44D + 7.31AB + 3.58BC - 3.73CD + 7.85A^2 + 10.59B^2 + 7.31C^2 + 12.69D^2$$

$$R^2 = 0.983\ 5 \tag{4-5}$$

表4-2 试验结果

| 序号 | A | B | C | D | $Y_1$（g/cm³） | $Y_2$（kW·h/t） |
|---|---|---|---|---|---|---|
| 1 | -1 | -1 | -1 | -1 | 0.957 | 122.9 |
| 2 | -1 | -1 | -1 | 1 | 0.882 | 113.8 |
| 3 | -1 | -1 | 1 | -1 | 1.112 | 158.8 |
| 4 | -1 | -1 | 1 | 1 | 1.155 | 138.7 |
| 5 | -1 | 1 | -1 | -1 | 1.035 | 88.7 |
| 6 | -1 | 1 | -1 | 1 | 1.022 | 78.9 |
| 7 | -1 | 1 | 1 | -1 | 0.982 | 138.4 |
| 8 | -1 | 1 | 1 | 1 | 1.116 | 118.3 |
| 9 | 1 | -1 | -1 | -1 | 0.900 | 103.7 |
| 10 | 1 | -1 | -1 | 1 | 0.818 | 95.4 |
| 11 | 1 | -1 | 1 | -1 | 1.161 | 137.6 |
| 12 | 1 | -1 | 1 | 1 | 1.187 | 118.4 |
| 13 | 1 | 1 | -1 | -1 | 1.041 | 89.9 |
| 14 | 1 | 1 | -1 | 1 | 1.123 | 98.2 |
| 15 | 1 | 1 | 1 | -1 | 1.075 | 146.6 |
| 16 | 1 | 1 | 1 | 1 | 1.201 | 127.4 |
| 17 | -2 | 0 | 0 | 0 | 1.098 | 122.8 |
| 18 | 2 | 0 | 0 | 0 | 1.117 | 92.6 |
| 19 | 0 | -2 | 0 | 0 | 0.927 | 131.6 |
| 20 | 0 | 2 | 0 | 0 | 1.020 | 105.7 |
| 21 | 0 | 0 | -2 | 0 | 0.895 | 68.9 |
| 22 | 0 | 0 | 2 | 0 | 1.210 | 142.15 |
| 23 | 0 | 0 | 0 | -2 | 1.021 | 141.3 |
| 24 | 0 | 0 | 0 | 2 | 1.062 | 112.8 |
| 25 | 0 | 0 | 0 | 0 | 1.259 | 78.7 |
| 26 | 0 | 0 | 0 | 0 | 1.238 | 81.4 |
| 27 | 0 | 0 | 0 | 0 | 1.229 | 77.6 |
| 28 | 0 | 0 | 0 | 0 | 1.237 | 72.8 |
| 29 | 0 | 0 | 0 | 0 | 1.249 | 73.6 |
| 30 | 0 | 0 | 0 | 0 | 1.211 | 82.5 |

（续表）

| 序号 | $A$ | $B$ | $C$ | $D$ | $Y_1$（g/cm³） | $Y_2$（kW·h/t） |
|------|-----|-----|-----|-----|----------------|-----------------|
| 31 | 0 | 0 | 0 | 0 | 1.216 | 81.8 |
| 32 | 0 | 0 | 0 | 0 | 1.233 | 78.5 |
| 33 | 0 | 0 | 0 | 0 | 1.246 | 80.6 |
| 34 | 0 | 0 | 0 | 0 | 1.208 | 77.6 |
| 35 | 0 | 0 | 0 | 0 | 1.216 | 75.8 |
| 36 | 0 | 0 | 0 | 0 | 1.208 | 74.7 |

表4-3 成型密度回归方程的方差分析表

| 来源 | 平方和 | 自由度 | 均方差 | $F$ 值 | $P$ 值 |
|------|--------|--------|--------|--------|--------|
| 模型 | 0.53 | 13 | 0.041 | 117.02 | <0.000 1 |
| $A$ | $3.337×10^3$ | 1 | $3.337×10^3$ | 9.51 | 0.005 4 |
| $B$ | 0.015 | 1 | 0.015 | 44.06 | <0.000 1 |
| $C$ | 0.14 | 1 | 0.14 | 402.66 | <0.000 1 |
| $D$ | $4.347×10^3$ | 1 | $4.347×10^3$ | 12.39 | 0.001 9 |
| $AB$ | $6.602×10^3$ | 1 | $6.602×10^3$ | 18.82 | 0.000 3 |
| $AC$ | $4.658×10^3$ | 1 | $4.658×10^3$ | 13.28 | 0.001 4 |
| $BC$ | 0.051 | 1 | 0.051 | 145.95 | <0.000 1 |
| $BD$ | 0.011 | 1 | 0.011 | 30.99 | <0.000 1 |
| $CD$ | 0.011 | 1 | 0.011 | 30.99 | <0.000 1 |
| $A^2$ | 0.028 | 1 | 0.028 | 80.58 | <0.000 1 |
| $B^2$ | 0.13 | 1 | 0.13 | 364.66 | <0.000 1 |
| $C^2$ | 0.060 | 1 | 0.060 | 172.40 | <0.000 1 |
| $D^2$ | 0.068 | 1 | 0.068 | 194.91 | <0.000 1 |
| 失拟性 | $4.422×10^3$ | 11 | $4.020×10^3$ | 1.34 | 0.316 8 |
| 误差 | $3.294×10^3$ | 11 | $2.994×10^3$ | | |
| 总和 | 0.54 | 35 | | | |

表 4-4  吨产品能耗回归方程的方差分析表

| 来源 | 平方和 | 自由度 | 均方差 | F 值 | P 值 |
|---|---|---|---|---|---|
| 模型 | 24 160.43 | 11 | 2 196.40 | 130.44 | <0.000 1 |
| A | 430.95 | 1 | 430.95 | 25.59 | <0.000 1 |
| B | 997.17 | 1 | 997.17 | 59.22 | <0.000 1 |
| C | 8 037.36 | 1 | 8 037.36 | 477.32 | <0.000 1 |
| D | 994.59 | 1 | 994.59 | 59.07 | <0.000 1 |
| AB | 854.10 | 1 | 854.10 | 50.72 | <0.000 1 |
| BC | 205.21 | 1 | 205.21 | 12.19 | 0.001 9 |
| CD | 222.76 | 1 | 222.76 | 13.23 | 0.001 3 |
| $A^2$ | 1 971.92 | 1 | 1 971.92 | 117.11 | <0.000 1 |
| $B^2$ | 3 587.05 | 1 | 3 587.05 | 213.03 | <0.000 1 |
| $C^2$ | 1 708.20 | 1 | 1 708.20 | 101.45 | <0.000 1 |
| $D^2$ | 5 151.13 | 1 | 5 151.13 | 305.91 | <0.000 1 |
| 失拟性 | 287.94 | 13 | 22.15 | 2.10 | 0.113 2 |
| 误差 | 116.19 | 11 | 10.56 | | |
| 总和 | 24 564.56 | 35 | | | |

## 4.4.1  试验因素交互作用对成型密度的影响

由方差分析表 4-3 可知，AB、AC、BC、BD、CD 试验因素之间的交互作用对成型密度影响显著。二因素交互作用对成型密度影响曲面图，见图 4-2。

从图 4-2（a）中可以看出，在入料温度为 80~90 ℃、原料含水率为 20%~25% 范围内，成型密度相对较高；随着入料温度和原料含水率的增加，成型密度先增大后减小；这说明，原料含水率过高或者过低都不利于颗粒成型。原料含水率较高时，在挤压力的作用下，游离的水从颗粒中分离出来，使颗粒挤压层与层之间不能紧密地黏结；原料含水率较低时，颗粒流动性较差，不利于颗粒之间的贴合。在高温的作用下，物料中的木质素软化起到了天然黏合剂的作用，促进了颗粒之间的相互嵌合，能够提高成型密度。图 4-2（b）中，从曲面形状来看，模孔长径比相对入料温度更为陡峭，说明模孔长径比对成型密度的影响比入料温度更大；模孔长径比较大时，成型密度相对较高，这主要是由于模孔长径比的增大使挤压颗粒时的作用力增大，有利于挤压层之间的贴合，从而增大成型密度。图 4-2（c）中，从曲面形状上看，模孔长径比对成型密度的影响比原料含水率更大；在较低原料含水率和较小模孔长径比的情况下，获得的成型密度相对较小；这说明，模孔长径比较小时，克服颗粒变形的挤压作用力较小，挤压层与层之间比较松散。图 4-2（d）中，随着原料含水率与主轴转速的增大，成型密度先增大后减小。可知，主轴转速较大时，出料速度增大，不利于颗粒挤压成型，获得的成型密度较小；主轴转速较小时，挤压物料的作用力减小，使颗粒层与层之间贴合不够紧密，成型密度也较小。图 4-2（e）中，随着模孔长径比与主轴转速的增大，成型密度先增大后减小；当模孔长径比为 3.00~3.24，主轴转速为 186~206 r/min 时，成型密度随着主轴转速的减小而增大；当模孔长径比小于 4，主轴转速大于 206 r/min 和小于 166 r/min 时，成型密度都较小；由此可见，为获得更高的成型密度，在满足模孔长径比和主轴转速都在一定范围内的情况下，应适当减小主轴转速。

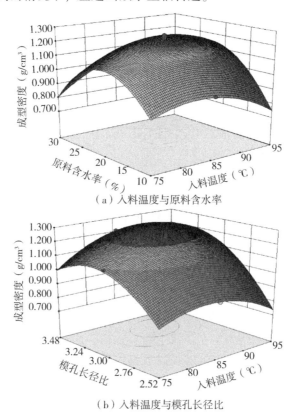

（a）入料温度与原料含水率

（b）入料温度与模孔长径比

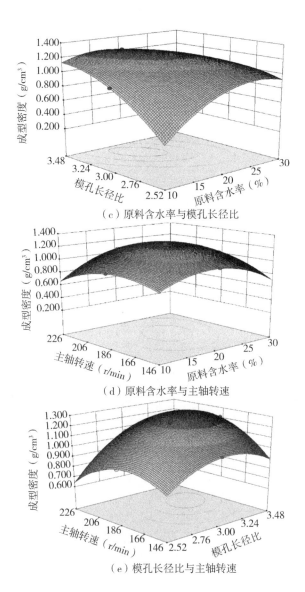

（c）原料含水率与模孔长径比

（d）原料含水率与主轴转速

（e）模孔长径比与主轴转速

图4-2 二因素交互作用对成型密度的影响

## 4.4.2  试验因素交互作用对吨产品能耗的影响

由方差分析表 4-4 可知，*AB*、*AC*、*CD* 试验因素之间的交互作用对吨产品能耗影响显著，其对吨产品能耗影响的曲面如图 4-3 所示。从图 4-3（a）中可以看出，随着入料温度与原料含水率的增大，吨产品能耗先增大后减小；在入

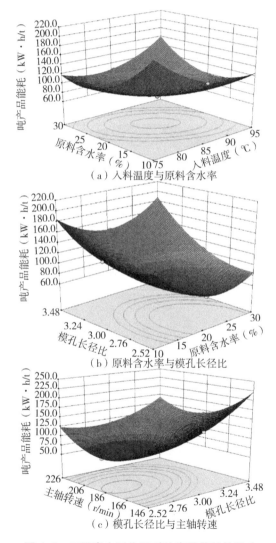

（a）入料温度与原料含水率

（b）原料含水率与模孔长径比

（c）模孔长径比与主轴转速

图 4-3  二因素交互作用对吨产品能耗的影响

料温度为 85~90 ℃、原料含水率为 20%~25% 范围内，吨产品能耗相对较低；可见，物料中的木质素软化促进了物料挤压变形时的塑性流动，同时物料中的水起到了润滑剂的作用，降低了单位时间内消耗的电能，且提高了生产率，从而减小吨产品能耗。图 4-3（b）中，模孔长径比对吨产品能耗影响的曲面相对于原料含水率而言更为陡峭，说明模孔长径比对吨产品能耗的影响程度比原料含水率更大；随着模孔长径比的增大，吨产品能耗曲面呈升高趋势，这主要由于模孔长径比的增大使克服颗粒挤压变形的作用力增大，造成电耗升高，且出料速度减缓，从而增大了吨产品能耗。图 4-3（c）中，随着主轴转速的增大，吨产品能耗先降低后升高；在模孔长径比为 2.52~2.76、主轴转速约为 186~206 r/min 范围内，吨产品能耗相对较小；可见，主轴转速较小时，出料速度减缓，生产率降低，吨产品能耗相对较大；主轴转速较大时，虽出料速度加快，但电耗增加较迅速，吨产品能耗也较大。

利用 Design-Expert8.0.6 软件对试验因素参数组合进行优化。在入料温度为 75~95 ℃、原料含水率为 10%~30%、模孔长径比为 2.52~3.48、主轴转速为 146~226 r/min 约束下，设定和调节目标函数满足成型密度大于 1.0 g/cm³，且吨产品能耗小于 90 kW·h/t，使其相交成封闭区域，如图 4-4 所示。优化的试验因素参数范围为：入料温度 78.7~91.1 ℃，原料含水率 17.6%~26.9%，模孔长径比 2.62~3.04，主轴转速为 168.2~210.5 r/min。根据优化结果中模孔长径比的取值范围，分别设定模孔长径比平均值等于 2.76（模孔直径为 10 mm）和 3.00（模孔直径为 8 mm）。在成型密度取最大值、吨产品能耗取最小值的目标下对其进一步优化，最终结果是：当模孔长径比为 2.76、入料温度为 85.2 ℃、原料含水率为 22.8%、主轴转速为 187.5 r/min 参数组合时，成型密度最大值为 1.135 g/cm³，吨产品能耗最小值为 64.6 kW·h/t；当模孔长径比为 3.00、入料温度为 85.9 ℃、原料含水率为 21.3%、主轴转速为 190.9 r/min 参数组合时，成型密度最大值为 1.236 g/cm³，吨产品能耗最小值为 76.0 kW·h/t。

按照最终优化的两组参数组合方案分别进行 5 组试验，并通过回归方程对成型密度和吨产品能耗进行预测。试验结果表明，在模孔长径比为 2.76、入料温度为 85.2 ℃、原料含水率为 22.8%、主轴转速为 187.5 r/min 条件下，成型密度和吨产品能耗与预测值之间的相对误差分别为 0.433% 和 1.036%；在模孔长径比为 3.00、入料温度为 85.9 ℃、原料含水率为 21.3%、主轴转速为 190.9 r/min 条件下，成型密度和吨产品能耗与预测值之间的相对误差分别为 0.229% 和 1.265%。说明成型密度和吨产品能耗回归模型以及试验因素参数最优结果是可靠的。

通过试验因素交互作用对成型密度及吨产品能耗的影响进行分析，以及 2 组优化的试验因素参数组合方案试验验证发现，在入料温度 85~90 ℃、原料含水率 20%~25% 范围内，对原料进行调质处理，能获得较大的成型密度且吨产品能耗较小；与其他因素相比，模孔长径比对成型密度、吨产品能耗二者影响都较显著。结果可知，为保证颗粒成型密度大于 1.0 g/cm³ 并降低吨产品能耗，在对原料进行调质处理的同时，且要适当地降低主轴转速并选用较小模孔长径比的模盘。

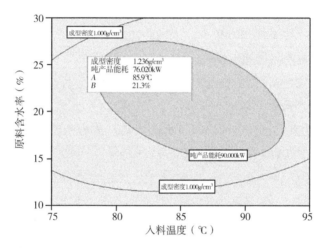

图 4-4　试验优化结果

注：模孔长径比为 3.00，主轴转速为 190.9 r/min。

# 5　玉米秸秆皮制板技术

随着世界能源危机和生态环境的不断恶化,棉秆、麦秆、稻秆、葵秆、高粱秆等农业废弃物作为木材替代品被广泛利用,以提高农作物秸秆资源利用率,从根本上降低人造板生产的原料成本。近年来,玉米秸秆组分分离技术的应用与发展,促进了玉米秸秆人造板生产工艺及其板材性能研究。杨中平等(1995)利用 3 种不同碎料形态的玉米秸秆皮进行了碎料板的生产试验,并分析了碎料形态、施胶量和板材密度对板材性能的影响;王琪等(2007)利用刨花板制备方法研究了施胶量、投料量、热压温度和热压压力等工艺参数对玉米秸秆皮碎料刨花板物理力学性能的影响,并对最佳工艺参数组合进行了优化;卢杰等(2012)利用改性的异氰酸酯树脂胶制备了玉米秸秆皮碎料板,在最佳工艺条件下,其板材主要性能达到了地板基材的使用要求。以上研究表明:一方面,为减轻表皮层中二氧化硅复合材料对胶合产生的不利影响,需将组分分离后的完整玉米秸秆皮进一步粉碎处理,原材料预处理工序复杂且成本较高;另一方面,制板工艺多侧重于施胶量、温度、压力等宏观因素对板材性能影响的分析,而在玉米秸秆皮压缩成型过程、生物特性与化学成分等微观因素对制板过程的影响等方面的研究较少。为提高玉米秸秆皮的胶合性能,且从降低生产成本并提高板材性能的角度出发,结合两种玉米秸秆皮表皮层去除方法,本章提出利用完整玉米秸秆皮制备层积材和复合板的两种方法,以去除表皮层后的完整玉米秸秆皮为原料,以异氰酸酯胶为胶黏剂,采用正交试验设计方法进行玉米秸秆皮单板层积材和复合板制备试验,研究不同取样高度的玉米秸秆皮、施胶量及热压设备参数等工艺条件对板材物理力学性能的影响,为玉米秸秆皮材料化利用及其制板工艺优化提供理论依据和技术参考。

## 5.1　玉米秸秆皮表面润湿性、热稳定性及其胶接机理分析

农作物秸秆与胶黏剂胶接是一个极其复杂的物理与化学变化的过程,二者

之间的胶合强度不仅与热压温度、热压时间和施胶量等热压工艺有关，而且与秸秆生物特性、胶黏剂性能等因素有关。由于农作物秸秆表面表皮层中含有大量的 $SiO_2$，目前主要利用机械粉碎、酸碱处理、湿热处理、生物酶解、微波处理或等离子体处理等表面改性技术来改善农作物秸秆的胶合特性。为将完整玉米秸秆皮应用于秸秆人造板的生产，确定玉米秸秆皮的制板工艺特性和制板过程中设备技术条件，需研究不同取样高度之间、表皮层去除前后的玉米秸秆皮的润湿性、热稳定性及其胶接机理。

## 5.1.1　玉米秸秆皮的表面润湿性

玉米秸秆皮表面与水接触角的大小能够直观反映其润湿性能的变化，而玉米秸秆皮表面润湿性则体现其与胶黏剂胶合性能的优劣。为此，通过对不同取样高度、表皮层去除前后的玉米秸秆皮进行与水接触角测量、元素成分、化学成分和红外光谱分析，以揭示不同取样高度之间、表皮层去除前后的玉米秸秆皮润湿性差异的成因及其机理，为优化玉米秸秆皮表皮层去除方法及其胶合工艺提供理论基础与技术依据。

### 5.1.1.1　材料与方法

选用郑州市郊区河南农业大学毛庄农场种植的无病害的先玉 335 品种玉米秸秆，经测量，其根部直径在 25~30 mm，茎秆长度在 2 000 mm 以上，平均茎节数为 15 节，茎节平均长度为 16 cm，沿生长方向的第 5、第 6 茎节为其穗位部，穗位高 90 cm 以上。截取玉米秸秆的根部、下部、中部和上部位置（即沿玉米秸秆生长方向的第 2 节、第 4 节、第 6 节和第 8 节），分别沿轴向将试样分成两组，其中一组试样将其表皮层去除并进行砂光处理，见图 5-1。两组试样自然风干后备用。

1）与水接触角的测量

将试验材料制成 40 mm×15 mm×1.5 mm（轴向×弦向×径向）标准试样，调其含水率至 12%。在室温 25 ℃状态下，采用 JC-2000C1 型接触角测量仪（产地上海）分别对不同取样高度、表皮去除前后的玉米秸秆皮试样表面的接触角进行测量。蒸馏水用于接触角的测定，设定其液滴量为 5 μL，通过图像传感器传输图像进行离线测定试样表面接触 5 s 时的接触角，使用的量角器精度为 ±0.25°。每个试样任意选取 10 个点，测量弦向接触角和轴向接触角，取平均值。共 5 个平行样本，取平均值。JC-2000C1 型接触角测量仪技术参数见表5-1。

（a）表皮层去除前

（b）表皮层去除后

图 5-1 玉米秸秆皮试样

表 5-1 JC-2000C1 型接触角测量仪的技术参数

| 系统参数 | 规格 |
| --- | --- |
| 测量静态/动态接触角 | 量高法；5 点法曲线拟合；切线法（量角法） |
| 样品规格 | 100 mm× 100 mm |
| 接触角测量范围及精度 | 0～180°；0.1°或 0.5° |
| 测量方式 | 瞬间冻结截图、间隔拍摄图片（1～3 600 s 间隔拍摄存储 1 帧图片）、连续拍摄图片（每秒 25 帧高速摄影） |
| 图片放大率 | 50～318 pixel/mm |

2）元素含量分析

从玉米秸秆皮中抽取直径在 60～70 μm 的 5 根纤维束和表皮层组织，分别使用 JSM-6490LV 型扫描电镜（产地日本）和 INCA-EDS7573 型 X 射线能谱分析仪（产地英国）相结合的方法对玉米秸秆皮纤维束及表皮层试样进行元素定性分析和半定量分析，每个试样测量 10 个区域，取平均值。

3）化学成分测定方法

选取整株完整的玉米秸秆皮，用四分法将其切成薄片，风干后在研磨机中磨成粉末，用标准筛截取通过 40 目但不通过 60 目的粉料作为分析试样。木质素、纤维素和半纤维素的含量采用 Van Soest 法测定；其抽提物含量参照 GB/T 2677.4—1993《造纸原料水抽出物含量的测定》、GB/T 2677.5—1993《造纸原料1%氢氧化钠抽出物含量的测定》等标准规定的方法对玉米秸秆皮试样进行测定。

4）傅里叶变换红外光谱分析

参照 GB/T 6040—2019《红外光谱分析方法通则》，将样品涂于 KRS-5 锗晶硅窗片上，使用傅里叶变换红外光谱仪（Nicolet 6700 型，美国 Nicolet 公司）对试件进行红外光谱扫描。设定扫描区为 4 000~400 cm$^{-1}$ 的中红外区；为保证扫描时间与色谱出峰时间匹配，将红外光谱的分辨率设定为 4 cm$^{-1}$；扫描次数过多过少会影响图谱的精度，因此将红外图谱的扫描次数设定为 15 次。最后，利用 OMNIC 软件进行数据采集、处理与分析。

### 5.1.1.2 结果与分析

1）不同取样高度玉米秸秆皮的表面润湿性

润湿过程是固、液、气三相相互作用的过程，分为黏附润湿、浸渍润湿和铺展润湿 3 个主要方式。黏附润湿是液体与固体接触后，液体取代固体表面上的气体，将液体与气体界面和固体与气体界面变成固体与液体界面的点接触；浸渍润湿是部分液体浸入固体内，将固体-气体界面转换为固体-液体界面的面接触；铺展润湿是指液体自动铺展，在固体表面上形成液膜的一种状态。目前，主要采用 Young 方程、Zisman 方程等表面张力理论或计算表面自由能的方法来表征材料的润湿性，见式（5-1）、式（5-2）。式（5-1）为 Young 方程，也称杨氏方程；式（5-2）为 Zisman 方程；润湿角大于 90°时为不润湿，润湿角小于90°为润湿，润湿角等于 0°时为完全润湿，见图 5-2。

$$\gamma_{\mathrm{L}}\cos\theta = \gamma_{\mathrm{S}} - \gamma_{\mathrm{SL}} \tag{5-1}$$

$$\cos\theta = 1 - b(\gamma_{\mathrm{L}} - \gamma_{\mathrm{S}}) \tag{5-2}$$

式中，$\theta$ 为润湿角，°；$\gamma_{\mathrm{S}}$ 为固体表面张力，N；$\gamma_{\mathrm{L}}$ 为液体表面张力，N；$\gamma_{\mathrm{SL}}$ 为固体与液体接触表面张力，N。

不同取样高度玉米秸秆皮与水接触角的变化见图 5-3。与水接触角 $\theta$ 的变化能够反映不同取样高度及其表皮层去除前后之间玉米秸秆皮润湿性能的差异，由 Young 方程、Zisman 方程可知，若其值大于 90°，说明玉米秸秆皮表面具有疏水性；若其值小于 90°，说明玉米秸秆皮表面具有亲水性。方差分析结果显示

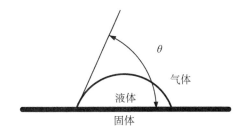

图 5-2　液体在固体表面上润湿角（接触角）示意

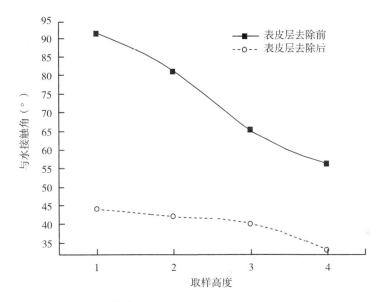

图 5-3　不同取样高度玉米秸秆皮表皮层去除前后的与水接触角

注：1、2、3、4 分别代表玉米秸秆皮取样高度为第 2、第 4、第 6、第 8 节。

（表 5-2），玉米秸秆皮表皮层去除前后的与水接触角差异极显著（$P<0.01$）；表皮层去除前，不同取样高度之间的玉米秸秆皮的与水接触角有极显著差异（$P<0.01$），根部与水接触角大于 90°，具有一定的疏水性，随着取样高度的增大，与水接触角呈下降趋势，亲水性不断增强；表皮层去除后，不同取样高度之间的玉米秸秆皮的与水接触角也存在极显著差异（$P<0.01$）；随着取样高度的增大，其与水接触角呈上升趋势，但整体上差异较小。与表皮层去除前相比，去除表皮层后的玉米秸秆皮表面比较粗糙，且表面与水接触角变化较大，见图 5-4、图 5-5。

表5-2　不同取样高度玉米秸秆皮表皮层去除前后的与水接触角的方差分析

| 项目 | 变异来源 | 平方和 | 自由度 | 均方 | $F$ 值 | 显著性 |
|------|----------|--------|--------|------|--------|--------|
| 取样高度 | 组间 | 10 036.224 | 1 | 10 036.224 | 4 865.117 | ** |
|  | 组内 | 78.390 | 38 | 2.063 |  |  |
|  | 总计 | 10 114.614 | 39 |  |  |  |
| 组别 | 组间 | 7 997.018 | 1 | 7 997.018 | 636.899 | ** |
|  | 组内 | 477.135 | 38 | 12.556 |  |  |
|  | 总计 | 8 474.153 | 39 |  |  |  |

注：组别表示为两组玉米秸秆皮，一组为表皮层去除前的玉米秸秆皮，另一组为表皮层去除后的玉米秸秆皮；** 表示极显著。

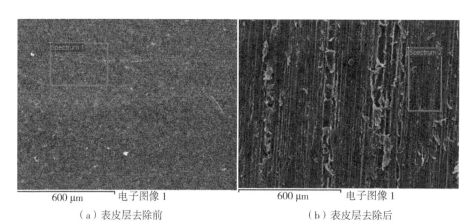

（a）表皮层去除前　　　　　　　　（b）表皮层去除后

图5-4　表皮层去除前后的玉米秸秆皮的微观形貌

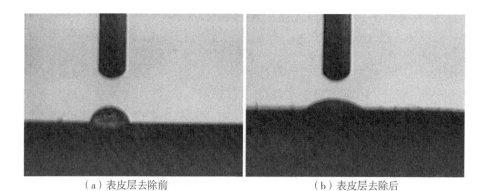

（a）表皮层去除前　　　　　　　　（b）表皮层去除后

图5-5　玉米秸秆皮表皮层去除前后的座滴图

2）不同取样高度玉米秸秆皮的元素成分变化

图 5-6 为玉米秸秆皮表皮层去除前后的 EDS 能谱图。从图 5-6 中可以看出，玉米秸秆皮主要元素成分有 C、O、Si、K，还有少量的 Cu、Zn、Mg 等，其中，C、Si 元素的吸收峰在表皮层去除前后的差异最大。图 5-7 为不同取样高度玉米秸秆皮表面 C、Si 两元素在表皮层去除前后的变化情况。独立样本 $T$ 检验结果表明（表 5-3），玉米秸秆皮表皮层去除前后的 Si、C 两元素质量分数差异显著（$P<0.01$）。表皮层去除前，Si 元素质量分数在 34.22%～21.74% 范围内，随着取样高度的增大，其质量分数逐渐减小；C 元素质量分数在 21.02%～24.76% 范围内，随着取样高度的增大，其质量分数逐渐增大；表皮层去除后，Si 元素质

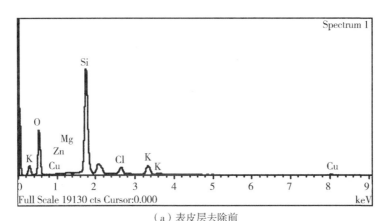

（a）表皮层去除前

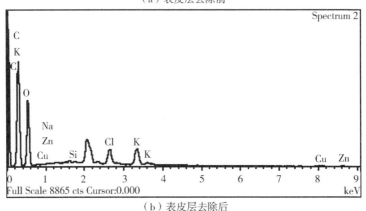

（b）表皮层去除后

图 5-6　玉米秸秆皮的表皮层去除前后的 EDS 能谱图

量分数在0.1%左右，与表皮层去除前相比显著减少，但不同取样高度之间差异不明显；C元素质量分数在53.27%~56.12%范围内，与表皮层去除前相比有所增大，随着取样高度的增大，其质量分数也逐渐增大。

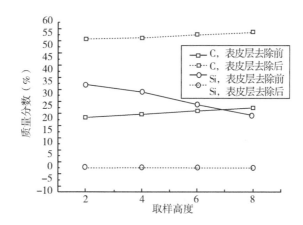

**图 5-7　不同取样高度玉米秸秆皮表皮层去除前后 C、Si 两元素的质量分数变化**

注：2、4、6、8分别表示取样高度为玉米秸秆的根部、下部、穗位部、上部位置。

**表 5-3　独立样本 *T* 检验结果**

| 项目 | | 方差相等的检验 | | 均数相等误差 | | | | | | |
|------|------|------|------|------|------|------|------|------|------|------|
| | | *F* | *P* | *T* | 自由度 | 双侧概率 | 均差 | 标准误差 | 99%可信区间 | |
| | | | | | | | | | 下限 | 上限 |
| C | 方差齐性 | 0.794 | 0.378 | -69.750 | 38 | 0.000 | -31.680 00 | 0.454 19 | -32.911 57 | -30.448 43 |
| | 方差非齐性 | | | -69.750 | 36.852 | 0.000 | -31.680 00 | 0.454 19 | -32.913 58 | -30.446 42 |
| Si | 方差齐性 | 84.714 | 0.000 | 25.236 | 38 | 0.000 | 28.277 50 | 1.120 54 | 25.239 09 | 31.315 91 |
| | 方差非齐性 | | | 25.236 | 19.000 | 0.000 | 28.277 50 | 1.120 54 | 25.071 71 | 31.483 29 |

3）不同取样高度玉米秸秆皮的化学成分变化

不同取样高度玉米秸秆皮的化学成分，见图5-8。方差分析结果表明，表皮层去除前后各化学成分变化曲线的斜率无显著性差异（$P>0.05$），说明表皮层去除前后的玉米秸秆皮化学成分变化趋势是一致的。从图5-8中可以看出，随着取样高度的增大，其木质素、纤维素、4种抽提物的质量分数逐渐减小，而半纤维素的质量分数逐渐增大。与表皮层去除前相比，表皮层去除后的玉米秸秆皮的木质素质量分数略有降低，纤维素、半纤维素的质量分数相对增大，4 种抽提物的质量分数有所减小。方差分析结果表明（表 5-4），取样高度对玉米秸秆皮化学成分影响极显著（$P<0.01$）；表皮层去除前后，1% NaOH 溶液抽提物的质量分数差异显著（$P<0.05$），其他化学成分变化不显著（$P>0.05$）。

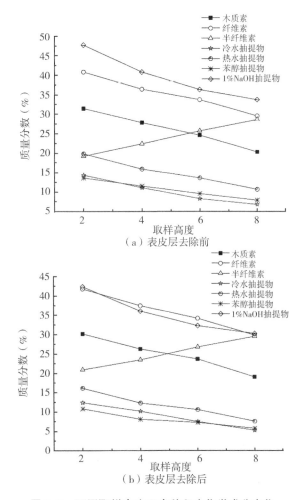

（a）表皮层去除前

（b）表皮层去除后

**图 5-8 不同取样高度玉米秸秆皮化学成分变化**

注：2、4、6、8 分别表示取样高度为玉米秸秆的根部、下部、穗位部、上部位置。

表 5-4　取样高度对玉米秸秆皮表皮层去除前后化学成分影响的方差分析

| 项目 | | 变异来源 | 平方和 | 自由度 | 均方 | F 值 | 显著性 |
|---|---|---|---|---|---|---|---|
| 木质素 | 表皮层去除前 | 组间 | 200.543 | 3 | 66.848 | 106.956 | ** |
| | | 组内 | 5.000 | 8 | 0.625 | | |
| | | 总计 | 205.543 | 11 | | | |
| | 表皮层去除后 | 组间 | 195.322 | 3 | 65.107 | 183.401 | ** |
| | | 组内 | 2.840 | 8 | 0.335 | | |
| | | 总计 | 198.162 | 11 | | | |
| 纤维素 | 表皮层去除前 | 组间 | 202.500 | 3 | 67.500 | 113.445 | ** |
| | | 组内 | 4.760 | 8 | 0.595 | | |
| | | 总计 | 207.260 | 11 | | | |
| | 表皮层去除后 | 组间 | 228.750 | 3 | 76.250 | 121.032 | ** |
| | | 组内 | 5.040 | 8 | 0.630 | | |
| | | 总计 | 233.790 | 11 | | | |
| 半纤维素 | 表皮层去除前 | 组间 | 148.943 | 3 | 49.648 | 82.402 | ** |
| | | 组内 | 4.820 | 8 | 0.603 | | |
| | | 总计 | 153.763 | 11 | | | |
| | 表皮层去除后 | 组间 | 129.900 | 3 | 43.300 | 38.150 | ** |
| | | 组内 | 9.080 | 8 | 1.135 | | |
| | | 总计 | 138.980 | 11 | | | |
| 冷水抽提物 | 表皮层去除前 | 组间 | 98.303 | 3 | 32.768 | 112.026 | ** |
| | | 组内 | 2.340 | 8 | 0.292 | | |
| | | 总计 | 100.643 | 11 | | | |
| | 表皮层去除后 | 组间 | 86.550 | 3 | 28.850 | 91.587 | ** |
| | | 组内 | 2.520 | 8 | 0.315 | | |
| | | 总计 | 89.070 | 11 | | | |
| 热水抽提物 | 表皮层去除前 | 组间 | 132.900 | 3 | 44.300 | 37.783 | ** |
| | | 组内 | 9.380 | 8 | 1.172 | | |
| | | 总计 | 142.280 | 11 | | | |
| | 表皮层去除后 | 组间 | 113.190 | 3 | 37.730 | 65.052 | ** |
| | | 组内 | 4.640 | 8 | 0.580 | | |
| | | 总计 | 117.830 | 11 | | | |

（续表）

| 项目 | | 变异来源 | 平方和 | 自由度 | 均方 | $F$ 值 | 显著性 |
|---|---|---|---|---|---|---|---|
| 苯醇抽提物 | 表皮层去除前 | 组间 | 54.270 | 3 | 18.090 | 22.333 | ** |
| | | 组内 | 6.480 | 8 | 0.810 | | |
| | | 总计 | 60.750 | 11 | | | |
| | 表皮层去除后 | 组间 | 39.540 | 3 | 13.180 | 92.491 | ** |
| | | 组内 | 1.140 | 8 | 0.142 | | |
| | | 总计 | 40.680 | 11 | | | |
| 1%NaOH抽提物 | 表皮层去除前 | 组间 | 350.183 | 3 | 116.728 | 149.651 | ** |
| | | 组内 | 6.240 | 8 | 0.780 | | |
| | | 总计 | 356.423 | 11 | | | |
| | 表皮层去除后 | 组间 | 236.070 | 3 | 78.690 | 135.672 | ** |
| | | 组内 | 4.640 | 8 | 0.580 | | |
| | | 总计 | 240.710 | 11 | | | |

注：** 表示极显著。

4）玉米秸秆皮润湿性内在影响因素分析

图5-9为不同取样高度玉米秸秆皮红外光谱图。由图5-9可知，在

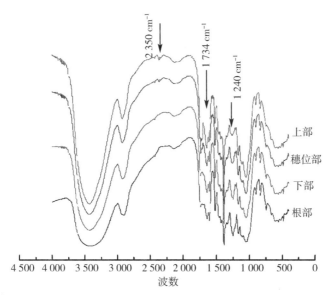

图5-9　不同取样高度玉米秸秆皮红外光谱图

2 350 cm$^{-1}$附近发生半纤维素 OH 官能团伸缩振动，吸收峰强度随着取样高度的增大而逐渐增强，在 1 734 cm$^{-1}$附近发生 C＝O 官能团伸缩振动，吸收峰强度也随取样高度增大而逐渐增强，以上表明玉米秸秆皮的半纤维素相对含量增加，乙酰基、羧基等含氧功能团增多；在 1 734 cm$^{-1}$附近的乙酰基和羧基上的 C＝O 官能团伸缩振动吸收峰是半纤维素区别于其他组分的特征。在 1 240 cm$^{-1}$附近发生 C—O 和 C—C 官能团伸缩振动，吸收峰强度随取样高度的增加而减弱，表明木质素、木聚糖相对含量有所减小；在 1 514 cm$^{-1}$附近发生芳香族骨架振动，随着取样高度的增大，吸收峰强度减弱，说明木质素的含量不断降低；不同取样高度的玉米秸秆皮在其他吸收峰（如 1 560 cm$^{-1}$、1 420 cm$^{-1}$等）强度没有明显变化。

纤维素、半纤维素和木质素都具有较强的吸湿性，纤维素无定形区分子链上部分游离的羟基为极性基团，易于吸附极性的水分子，与其形成氢键结合；而半纤维素是无定形的物质，其结构具有分支度，并由两种或多种糖基组成，主链和侧链上都含有亲水性基团。另外，抽提物中主要含有脂肪类、硅化物等疏水性较强的物质，从而阻碍纤维素和半纤维素对水的吸附。根据不同取样高度玉米秸秆皮去除前后的元素成分、化学成分及其与水接触角测试结果可知，表面粗糙度虽是影响秸秆表面润湿性的因素，对于疏水性的固体，表面粗糙度越大，其表面接触角就越大，但对于亲水性固体，表面粗糙度对其表面润湿性影响程度很小；对玉米秸秆皮来说，不同取样高度之间和表皮层去除前后表面润湿性存在明显差异，主要是由于含有亲水性官能团的纤维素和半纤维素质量分数的变化，以及表面存在疏水性脂肪类、硅化物等抽提物而引起的。表皮层去除前，玉米秸秆皮表面脂肪类、硅化物等疏水性物质主导了其润湿性的变化，在玉米秸秆皮的根部，大量的脂肪类、硅化物附着于其表面，阻碍了水与亲水基团的结合，表现出一定的疏水性，随着取样高度的增大，脂肪类、硅化物的质量分数逐渐减小，玉米秸秆皮表面与水接触角逐渐减小。表皮层去除后，脂肪类、硅化物等疏水性物质被去除，半纤维素的质量分数对玉米秸秆皮表面润湿性起到了决定作用，随着取样高度的增大，半纤维素质量分数的也增大，游离的羟基极性基团和其他亲水性基团活性增强，使玉米秸秆皮表面亲水性不断增强。

## 5.1.2　玉米秸秆皮的热稳定性

玉米秸秆皮及其胶合后热稳定性变化是反映其热压成型特性一个主要方面，比如热压温度与热压时间范围控制、胶黏剂类型的选择等。因此，采用热重-红外-气质（STA-IR-GC-MS）联用技术研究表皮层去除前后、施胶前后玉米秸秆皮热稳定性的变化，以及施胶后玉米秸秆皮的热裂解成分，为玉米秸秆皮表皮层去除方法、热压温度范围的选择以及热压时间等其他制板工艺条件的确定提供技术依据与理论支持。

### 5.1.2.1　材料与方法

1）试验材料与设备

试验材料：去除表皮层后的玉米秸秆皮、玉米秸秆皮的表皮层、施胶量为5%的玉米秸秆皮3种试样。其中胶黏剂为异氰酸酯胶［固体质量分数60%±1%，布氏黏度10 000~13 000 MPa·s（25 ℃），pH值6.6~7.5］。

主要试验设备有STA-IR-GCMS三联机试验台，见图5-10，该试验台主要由热重分析仪（STA6000型，美国PerkinElmer公司）、气相色谱/质谱联用仪（Clarus600/ Clarus600T，美国PerkinElmer公司）组成，可以使用在线或离线模式进行切换，操作简单方便；电子分析天平（JJ224BC型，精度0.1 mg，常熟市双杰测试仪器厂）等。

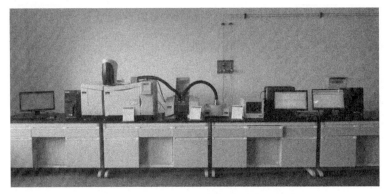

图5-10　STA-IR-GCMS三联机试验台

2）试验方法

（1）热重试验。将玉米秸秆皮表皮层、去除表皮层的玉米秸秆皮和施胶后玉米秸秆皮 3 种试样通过研磨、筛分，然后调至同一含水率水平。在 30 ℃ 条件下称重，分别称取 10 g 试样。试验时，采用气氛为 $N_2$，以 20 ℃/min 升至 900 ℃，气体池和传输管线温度均为 290 ℃，气体流速为 70 mL/min。

（2）热裂解成分测定。称取 10 g 施胶后的玉米秸秆皮试样，采用 STA-IR-MS 在线分析和 STA-IR-GCMS 离线分析。

STA-IR-MS 在线分析试验条件：采用气氛为 $N_2$，以 20 ℃/min 升至 900 ℃，气体池和传输管线温度均为 290 ℃，气体流速为 70 mL/min，扫描范围为 30～450 amu，电离模式为 70 eV 电子轰击，离子源温度为 230 ℃。STA-IR-GCMS 离线分析条件：采用气氛为 $N_2$，以 20 ℃/min 升至取样温度（保持 2～4 min），再以 40 ℃/min 升至 900 ℃，气体池和传输管线温度均为 290 ℃，气体流速为 70 mL/min。其中 GCMS 条件为：色谱柱为 Elite-5MS（30 m×0.25 mm×0.25 μm），升温程序为 40 ℃（1 min）、以 10 ℃/min 升至 290 ℃，扫描范围为 30～450 amu，电离模式为 70 eV 电子轰击，离子源温度为 230 ℃。

### 5.1.2.2 结果与分析

1）表皮层去除前后、施胶前后玉米秸秆皮的燃烧特性分析

图 5-11、图 5-12、图 5-13 分别为去除表皮层后的玉米秸秆皮、玉米秸秆皮表皮层、施胶后的玉米秸秆皮燃烧特性曲线。农作物秸秆的燃烧过程大致分

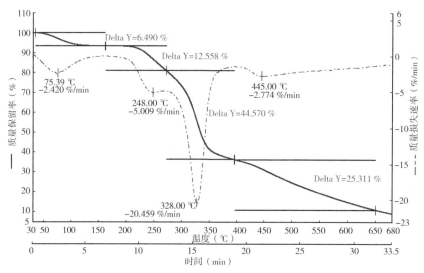

图 5-11　去除表皮层后玉米秸秆皮的燃烧特性

为失水干燥、半纤维素热解、纤维素热解、炭化 4 个阶段。失水干燥过程中 TG 曲线缓慢下降，半纤维素热解时 DTG 曲线出现第一个峰值；纤维素热解过程中 TG 曲线非常陡峭，DTG 曲线出现最大峰值；炭化阶段是木质素燃烧生成炭和灰分的过程，此过程 TG 和 DTG 曲线恢复平坦。

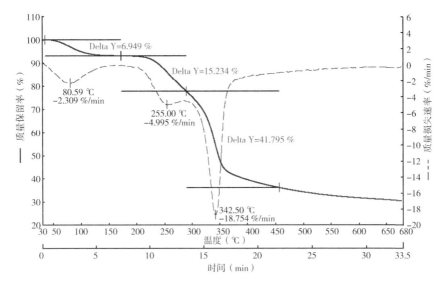

图 5-12  玉米秸秆皮表皮层的燃烧特性

从 TG-DTG 燃烧特性曲线上看，3 种试样的燃烧过程基本相同，3 种样品都有 4 个失重台阶和 2 个较大的失重点。去除表皮层后的玉米秸秆皮 2 个较大失重点分别在 248 ℃和 328 ℃，玉米秸秆皮表皮层 2 个较大失重点分别在 255 ℃和 342.5 ℃，施胶后玉米秸秆皮 2 个较大失重点分别在 299 ℃和 344 ℃；在第一个失重台阶，去除表皮皮层后玉米秸秆皮的失重 6.490%，玉米秸秆皮表皮层失重 6.949%，施胶后玉米秸秆皮失重 2.416%，此阶段主要是水分的析出；在第二个失重台阶，去除表皮层后玉米秸秆皮的失重 12.558%，玉米秸秆皮表皮层失重 15.234%，施胶后玉米秸秆皮失重 17.173%；此阶段主要是部分半纤维素热解；在第三个失重台阶，3 种试样的 DTG 曲线都出现一个肩状峰，这是木质类生物质燃烧特性区别于草本类生物质的主要特征；此后，半纤维素及纤维素热解燃烧过程叠加在一起，使其 DTG 曲线在 300 ℃以上出现最大峰值。在 220～290 ℃失重区间，去除表皮层后玉米秸秆皮失重 44.570%，表皮层失重

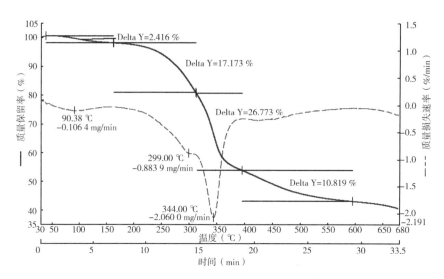

图 5-13　施胶后玉米秸秆皮的燃烧特性

41.795%，施胶后玉米秸秆皮失重 26.773%。

　　由以上分析可知，3 种试样相比，施胶后玉米秸秆皮出现最大峰值的温度最高，其增温燃烧时的失重率最小；玉米秸秆皮表皮层失重速率小于去除表皮层后的玉米秸秆皮。由此可见，胶黏剂与玉米秸秆皮胶合后，提高了玉米秸秆皮的着火温度和热稳定性，降低了半纤维素和纤维素的热分解；选取热压温度范围小于 200 ℃，不仅有利于减少玉米秸秆皮胶合固化过程中半纤维素和纤维素的热分解，而且可以减少胶黏剂中有机成分的析出；同时，可将玉米秸秆皮表皮层作为一种提高防火性能的材料加以利用，以节约生产成本并提高板材的使用性能。

　　2）施胶后玉米秸秆皮的热解成分

　　在热压胶合过程中，温度因素对胶黏剂性能有很大影响。为分析玉米秸秆皮与胶黏剂热压胶合过程中发生的物理化学变化，确定玉米秸秆皮选择热压温度工艺因素的控制范围，根据图 5-13 中分析结果，以施胶后玉米秸秆皮的 30 ℃、90 ℃、299 ℃、344 ℃共 4 个失重点作为切点，将其切入 GC-MS 进样，对失重点的裂解产物进行气质捕集，并分析检测到的物质成分。

　　图 5-14 为 30 ℃、90 ℃下采集的施胶后玉米秸秆皮产生气体的红外光谱，通过分析，在 90 ℃左右出现的第一个波峰主要是 $H_2O$ 的散失，有少许 $CO_2$ 成分析出。

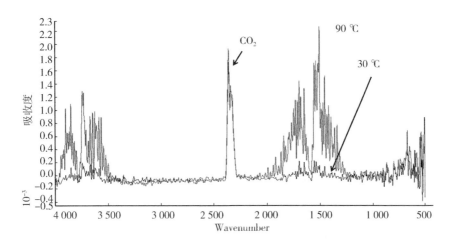

图 5-14　30 ℃、90 ℃时的 FT-IR 图谱

图 5-15、图 5-16 是施胶后玉米秸秆皮在 299 ℃、344 ℃下的 FT-IR 图谱和 GCMS 色谱图。通过对施胶后玉米秸秆皮在 299 ℃和 344 ℃两个失重点产生的气体进行 FT-IR 分析可知，施胶后玉米秸秆皮在 344 ℃时燃烧更为剧烈，可以分析出，在 1 100~1 200 cm$^{-1}$附近是酸类或酯类的伸缩振动，在 1 600 cm$^{-1}$附近是 C＝C 官能团的伸缩振动，在 1 700 cm$^{-1}$附近是酮类、酯类或酸类的伸缩振动，在 2 200 cm$^{-1}$附近是 C≡O 或 C≡N 官能团的伸缩振动，在 2 800 cm$^{-1}$附近发生饱

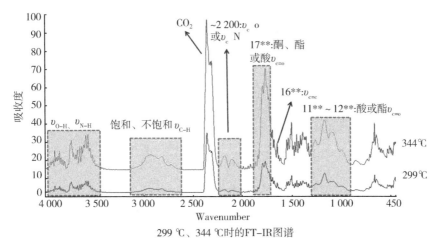

299 ℃、344 ℃时的FT-IR图谱

图 5-15　299 ℃、344 ℃时的 FT-IR 图谱

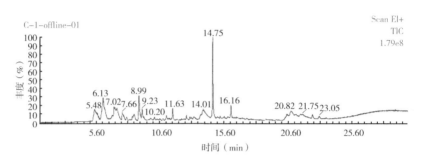

图 5-16  采集的 GCMS 色谱图

和和不饱和 C—H 官能团的伸缩振动；在 3 500 ~ 4 000 cm⁻¹ 附近主要是 O—H 和
N—H 官能团的伸缩振动。

将产生的主要组分利用 NIST 图库搜索进行定性分析，见图 5-17，得到施胶
后玉米秸秆皮热解产生的主要成分。通过分析，施胶后玉米秸秆皮在 299 ℃ 和
344 ℃ 左右的失重主要是释放出了小分子的 $CO_2$、CO、$H_2O$，还有鲨烯、乙酸、
糠醛、糠酯、苯酚等有机物质。

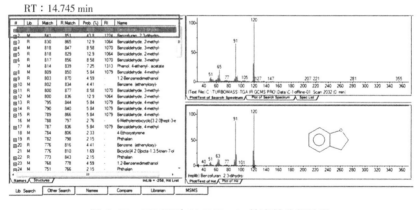

图 5-17  299 ℃ 时 14.745 min 的定性分析结果

综合以上分析，在施胶后玉米秸秆皮的热压过程中，在 90 ~ 200 ℃ 温度区间
玉米秸秆皮木质素发生软化和胶黏剂的固化现象，有利于玉米秸秆皮压缩成型，
温度高于 220 ℃ 后失重速率迅速增大，将加速施胶后玉米秸秆皮中半纤维素和
纤维素的热分解。

### 5.1.3 去除表皮层后玉米秸秆皮的胶接机理分析

20 世纪 40 年代后，有关胶接机理的研究逐步形成了以吸附理论、静电理论、扩散理论、化学键理论、机械结合理论、弱界面层理论和胶黏剂流变学理论为主的研究成果。胶接是指胶黏剂与被胶接物体表面间经过接触后形成具有稳定机械强度或胶接力的过程。胶接力的形成因胶黏剂和被胶接材料的种类和胶接过程的不同而不同。胶接过程是一个复杂的物理、化学或两者兼备的过程，它包括不同类型胶黏剂的液化、滑动、润湿、固化、变形、破坏等诸多过程，所以，到目前为止，没有哪一种胶接理论能够直接解释所有胶接现象。对于农作物秸秆而言，因农作物秸秆种类繁多以及其品种、生长环境和种植制度的复杂性，使其胶接过程复杂性不言而喻。归纳起来，影响农作物秸秆胶接质量的主要因素包括：①原料特性，主要有农作物秸秆的化学成分、细胞组织结构、秸秆种类、原料形态、初始密度、力学强度、含水率、固体表面张力、表面粗糙度、纤维形态特征等；②与界面相关的因素，主要有润湿、接触角、表面张力、胶接力、扩散系数、溶解度参数等；③与胶黏剂有关的因素，主要有胶黏剂的化学成分、分子量及分子量分布、固体含量、酸碱度、流动性、内聚力、表面张力、延伸率等；④与制板工艺及热压设备条件相关的因素，主要有喂入量、施胶量、铺装工艺、成型压力、热压温度、热压时间、板坯结构等。

通过傅里叶红外光谱分析和扫描电镜观察，研究表皮层去除后完整玉米秸秆皮的胶接机理，分析玉米秸秆皮与胶黏剂在热压成型中物理与化学变化，为进一步研究完整玉米秸秆皮热压工艺打下理论基础。

## 5.2 玉米秸秆皮单板层积材制备工艺及其性能分析

玉米秸秆皮的纤维形态特征、主要化学成分与杨木相近，近年来，以杨木、桉木等速生材为原料生产的单板层积材，具有结构均匀、强度高和经济性等特点，多用于非结构性建筑材料和机械设备包装材料中。中国农作物秸秆资源丰富，仅玉米秸秆年均产量就达 2 亿 t，但其利用附加值较低。基于玉米秸秆皮、穰、叶不同组分的化学成分的显著差异，将其组分分离并分类高效利用，对提高农民收入、建设生态农业和保护森林资源具有促进作用。为将 NaOH 溶液水浴处理后的玉米秸秆皮应用于秸秆人造板的生产，参照木材制备层积材工艺，提出一种利用完整玉米秸秆皮制备单板层积材的方法，以去除表皮层后的完整玉米秸秆皮为原料，以异氰酸酯胶为胶黏剂，采用正交试验设计方法进行玉米秸秆皮层积材制备试验，研究不同取样高度的玉米秸秆皮、施胶量及热压设备参数等工艺条件对玉米秸秆皮单板层积材物理力学性能的影响。

## 5.2.1 材料与方法

### 5.2.1.1 试验材料与设备

玉米秸秆皮：选用郑州市郊河南农业大学毛庄农场种植的先玉 335 品种的成熟玉米秸秆（2014 年 10 月收获），其根部直径为 23~28 mm，穗位高 900 mm 以上，株高 2 000 mm 以上；利用玉米秸秆皮穰叶分离装置获得完整的玉米秸秆皮，采用 NaOH 溶液水浴处理方法将其表皮层去除，制成长度 150 mm、宽度 8~16 mm 的试样，风干至含水率为 10%。

胶黏剂：异氰酸酯胶，固体质量分数 60% ± 1%，布氏黏度：10 000~13 000 MPa·s（25 ℃），pH 值：6.6~7.5，市购。

试验所需仪器与设备：微机控制液压伺服万能试验机（RE-8030 型，深圳市瑞格尔仪器有限公司）与自制模具组成的热压试验台、恒温鼓风干燥箱（DHG-9420A 型，上海一恒科学仪器有限公司）、电子天平（BSA3202S 型，奥多利斯科学仪器有限公司）、同步热分析仪（STA449C 型，德国 NETSCH 公司）、电子扫描显微镜（S-3400N 型，株式会社日立制作所，日本）等。微机控制液压伺服万能试验机性能参数为：最大载荷为 300 kN，最大拉伸空间为 690 mm，最大压缩空间为 580 mm，速度可调范围为 0.1~75 mm/min，位移分辨率为 0.002 mm，试验力等速控制范围和变形等速控制范围均为 2%FS~100%FS。

### 5.2.1.2 玉米秸秆皮单板层积材制备工艺

参照木材、竹材等材料制备层积材工艺，玉米秸秆皮层积材制备方法与步骤如下。

（1）获得完整的玉米秸秆皮：即利用玉米秸秆皮穰叶分离机获得长度 1 000~1 600 mm、宽度 60~90 mm、厚度 0.4~1.6 mm 的玉米秸秆皮。

（2）去除表皮层：即沿玉米秸秆生长方向截取其根部（第 3 节）、穗位部（第 6

节）和上部（第9节）位置的玉米秸秆皮，然后将其厚度约0.04 mm的表皮层去除，制成长度150 mm、宽度8~16 mm的试样，见图5-18，风干至含水率为10%。

**图 5-18　玉米秸秆皮试样**

（3）铺放组坯：为使板材结构更加均匀，减少顺纹铺放对板材力学性能及其防水性能的影响，每层玉米秸秆皮沿轴向平行铺放（厚度1~2 mm），层与层之间交叉90°铺放，板坯与上、下凸模之间铺设脱模纸（锡纸）。

（4）热压：在微机控制液压伺服万能试验机的压力为180 kN、加载速度为5 mm/min的条件下进行热压，板材目标厚度≤6 mm。

（5）平衡：在玉米秸秆皮层积材制备完成后，将其置于温度25 ℃、湿度65%的环境条件下至质量恒定。

### 5.2.1.3　试验设计

研究表明，不同取样高度之间玉米秸秆皮的力学特性差异显著，且与其化学成分、纤维形态特征存在相关性；胶黏剂种类、施胶量以及热压工艺条件对以农作物秸秆为原料的板材性能影响显著。此外，关于对接、搭接等单板接长方式对层积材板材性能影响的研究较多，一般来说，对接影响板材的静曲强度，而搭接则影响板材的密度偏差和吸水性能。经预试验发现，对接、搭接两种单板接长方式制备的玉米秸秆皮层积材物理力学性能影响不显著。为此，本研究选择取样高度、施胶量、热压温度和热压时间为试验因素，按$L_9(3^4)$正交表安排试验，每组试验重复3次，试验因素及水平见表5-5。

表 5-5　试验因素编码水平表

| 水平 | 试验因素 | | | |
|---|---|---|---|---|
| | 取样高度 A | 施胶量 B（%） | 热压温度 C（℃） | 热压时间 D（min） |
| 1 | 根部（第 3 节） | 8 | 130 | 3 |
| 2 | 穗位部（第 6 节） | 10 | 150 | 6 |
| 3 | 上部（第 9 节） | 12 | 170 | 9 |

### 5.2.1.4　板材性能测试方法

由于国家没有出台农作物秸秆制备单板层积材的相关标准，本试验参照国家标准中有关人造板及饰面人造板理化性能的试验方法，检测板材的力学性能指标与物理性能指标。力学性能指标包括：静曲强度（modulus of rupture，MOR）、弹性模量（modulus of elasticity，MOE）、内结合强度（internal bond，IB）。物理性能指标包括：吸水厚度膨胀率（thickness swelling，TS）和吸水率（water absorption，WA）等。其中，TS 与 WA 主要测量试样在温度为 20 ℃的蒸馏水液面 25 cm 深处完全浸泡 2 h、24 h 的值。图 5-19 为试件选取示意图，图中标记"1"字样为"MOR、MOE"试件，尺寸为 150 mm×50 mm；标记"2"字样为"IB"试件，尺寸为 50 mm×50 mm；标记"3"字样为"TS2h、WA2h"试件，尺寸为 50 mm×50 mm。每个试验条件下制备的板材，其 MOR 和 MOE 重复测量 3 次，IB、TS2h 和 WA2h 各重复测量 9 次，取平均值。

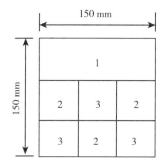
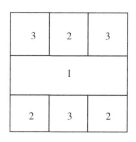
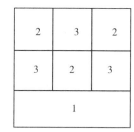

图 5-19　试件选取方案

## 5.2.2 结果与分析

### 5.2.2.1 试验结果

制备的玉米秸秆皮层积材，见图5-20；玉米秸秆皮层积材性能测试结果见表5-6，利用SPSS 22.0、Origin 7.5软件对其进行统计、分析与处理。

图5-20 玉米秸秆皮单板层积材试样

表5-6 玉米秸秆皮单板层积材制备试验结果

| 试验序号 | 试验因素 | | | | 静曲强度MOR（MPa） | 弹性模量MOE（MPa） | 内结合强度IB（MPa） | 吸水厚度膨胀率TS2h（%） | 吸水率WA2h（%） |
| --- | --- | --- | --- | --- | --- | --- | --- | --- | --- |
| | A | B | C | D | | | | | |
| 1-1 | | | | | 54.9 | 3 511.8 | 0.61 | 9.7 | 39.8 |
| 1-2 | 1 | 1 | 1 | 1 | 58.7 | 3 716.9 | 0.68 | 9.4 | 38.6 |
| 1-3 | | | | | 53.7 | 3 708.8 | 0.71 | 8.8 | 38.4 |
| 2-1 | | | | | 74.9 | 6 379.4 | 1.36 | 7.1 | 35.5 |
| 2-2 | 1 | 2 | 2 | 2 | 70.9 | 6 846.5 | 1.34 | 7.6 | 37.1 |
| 2-3 | | | | | 70.7 | 6 747.3 | 1.43 | 6.8 | 35.3 |
| 3-1 | | | | | 62.7 | 6 108.6 | 0.76 | 12.2 | 43.9 |
| 3-2 | 1 | 3 | 3 | 3 | 67.6 | 5 975.8 | 0.71 | 13.9 | 44.4 |
| 3-3 | | | | | 63.5 | 6 061.4 | 0.79 | 14.1 | 44.1 |

（续表）

| 试验序号 | 试验因素 | | | | 静曲强度<br>MOR<br>（MPa） | 弹性模量<br>MOE<br>（MPa） | 内结合强度<br>IB<br>（MPa） | 吸水厚度<br>膨胀率<br>TS2h（%） | 吸水率<br>WA2h<br>（%） |
|---|---|---|---|---|---|---|---|---|---|
| | A | B | C | D | | | | | |
| 4-1 | | | | | 51.8 | 5 037.5 | 0.75 | 13.8 | 43.4 |
| 4-2 | 2 | 1 | 2 | 3 | 49.2 | 5 408.4 | 0.70 | 16.5 | 46.2 |
| 4-3 | | | | | 50.8 | 4 979.1 | 0.74 | 15.9 | 45.6 |
| 5-1 | | | | | 52.9 | 4 231.8 | 0.93 | 18.1 | 46.9 |
| 5-2 | 2 | 2 | 3 | 1 | 58.6 | 4 411.1 | 0.86 | 16.8 | 45.4 |
| 5-3 | | | | | 54.3 | 4 288.9 | 0.87 | 17.4 | 46.6 |
| 6-1 | | | | | 62.8 | 6 721.6 | 1.44 | 14.4 | 43.9 |
| 6-2 | 2 | 3 | 1 | 2 | 69.7 | 6 445.1 | 1.49 | 13.7 | 42.6 |
| 6-3 | | | | | 67.9 | 6 778.5 | 1.53 | 15.4 | 43.6 |
| 7-1 | | | | | 42.9 | 4 998.7 | 1.05 | 19.1 | 49.8 |
| 7-2 | 3 | 1 | 3 | 2 | 39.5 | 5 021.3 | 1.01 | 19.9 | 51.2 |
| 7-3 | | | | | 40.9 | 5 013.5 | 1.11 | 17.1 | 47.9 |
| 8-1 | | | | | 47.6 | 3 958.1 | 0.99 | 16.7 | 46.4 |
| 8-2 | 3 | 2 | 1 | 3 | 41.7 | 3 739.2 | 0.91 | 18.3 | 48.9 |
| 8-3 | | | | | 49.3 | 3 844.5 | 0.89 | 17.6 | 47.4 |
| 9-1 | | | | | 50.2 | 5 506.4 | 1.31 | 12.9 | 39.6 |
| 9-2 | 3 | 3 | 2 | 1 | 45.3 | 5 183.7 | 1.38 | 14.3 | 42.9 |
| 9-3 | | | | | 49.4 | 5 408.8 | 1.29 | 13.2 | 39.8 |

### 5.2.2.2 试验因素对玉米秸秆皮单板层积材力学性能的影响

由方差分析结果可知（表5-7），取样高度、施胶量和热压时间对玉米秸秆皮单板层积材的MOR、MOE、IB都有极显著影响；热压温度对玉米秸秆皮单板层积材的MOR影响较显著，而对其MOE、IB都有极显著影响。

表5-7 玉米秸秆皮单板层积材力学性能方差分析

| 变异来源 | 自由度 | 静曲强度 | | | 弹性模量 | | | 内结合强度 | | |
|---|---|---|---|---|---|---|---|---|---|---|
| | | 平方和 | 均方 | F值 | 平方和 | 均方 | F值 | 平方和 | 均方 | F值 |
| A | 2 | 1 670.009 | 835.004 | 109.821** | 2 702 961.500 | 1 351 480.750 | 57.239** | 0.135 | 0.068 | 33.325** |
| B | 2 | 586.829 | 293.414 | 38.590** | 9 923 034.536 | 4 961 517.268 | 210.134** | 0.642 | 0.321 | 158.486** |

| 变异来源 | 自由度 | 静曲强度 | | | 弹性模量 | | | 内结合强度 | | |
|---|---|---|---|---|---|---|---|---|---|---|
| | | 平方和 | 均方 | F 值 | 平方和 | 均方 | F 值 | 平方和 | 均方 | F 值 |
| C | 2 | 56.047 | 28.023 | 3.686 * | 4 626 562.596 | 2 313 281.298 | 97.974 ** | 0.272 | 0.136 | 67.022 ** |
| D | 2 | 260.862 | 130.431 | 17.154 ** | 12 881 104.429 | 6 440 552.214 | 272.776 ** | 1.190 | 0.595 | 293.645 ** |
| 错误 | 18 | 136.860 | 7.603 | | 425 001.167 | 23 611.176 | | 0.036 | 0.002 | |
| 总计 | 27 | 86 310.820 | | | 786 612 866.310 | | | 30.570 | | |

注：* 表示较显著（$P<0.05$）；** 表示极显著（$P<0.01$）。

玉米秸秆皮层积材 MOR 随各试验因素水平的变化情况见图 5-21。图 5-21 中，玉米秸秆皮层积材的 MOR 随取样高度的增大而减小，利用上部玉米秸秆皮制备的层积材的 MOR 比根部减小 29.57%（$P<0.01$），比穗位部减小 21.47%（$P<0.01$），这主要由于玉米秸秆不同茎节间纤维形态特征及其化学成分具有差异。玉米秸秆皮层积材的 MOR 随施胶量的增大而增大，在施胶量为 8%~10% 范围内变化时增幅较大，在 10%~12% 范围内变化时增幅变小，这说明胶黏剂的胶合效果显著影响 MOR，但随着施胶量增大，影响程度则逐渐减弱。随着热压温度或热压时间的增大，玉米秸秆皮层积材的 MOR 都是先增大后又减小。图 5-22 为玉米秸秆皮施胶前后的 DTG 热重分析曲线，从图中可以看出，施胶后的玉米秸秆皮失重速率明显低于施胶前，着火温度也较高，这说明表面的异氰酸酯胶对玉米秸秆皮热分解起到了缓解作用。由此可见，在一定热压温度或热压时间条件下，有利于促进异氰酸酯胶固化并与玉米秸秆皮表面胶接，热压温度过低或热压时间较短则使板材受热不均且胶液未完全固化，板材 MOR 较小；热压温度过高或热压时间过长，造成板材表层异氰酸酯胶热分解和玉米秸秆皮中挥发分析出，其 MOR 则变差。

玉米秸秆皮层积材 MOE 随各试验因素水平的变化情况，见图 5-23。图 5-23 中，玉米秸秆皮层积材的 MOE 随取样高度增大而减小，从玉米秸秆皮力学特性研究结果上看，与穗位部及上部位置相比，玉米秸秆皮根部的拉伸强度和抗剪强度都较大，其木质纤维含量较高，则利用其制备的玉米秸秆皮层积材的 MOE 也较大。随着施胶量的增大，玉米秸秆皮层积材的 MOE 逐渐增大；当施胶量变化范围为 10%~12% 时，与施胶量变化范围为 8%~10% 相比，其 MOE 的增幅较显著（$P<0.05$）。可见，喷涂在玉米秸秆皮表面的异氰酸酯胶形成了具有

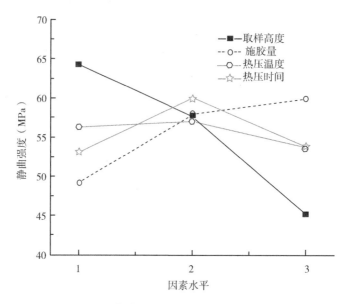

图 5-21　玉米秸秆皮单板层积材 MOR 变化曲线

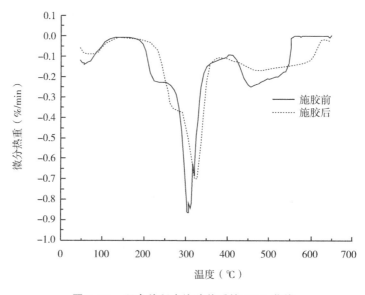

图 5-22　玉米秸秆皮施胶前后的 DTG 曲线

一定刚度的保护层，在提高玉米秸秆皮表面胶接强度的同时，也提高了玉米秸秆皮层积材的 MOE。随着热压温度、热压时间的增大，玉米秸秆皮层积材的 MOE 都是先增大后又减小，主要原因是热压温度过高或过低，以及热压时间过长或过短，都对胶黏剂胶合效果产生不利影响。

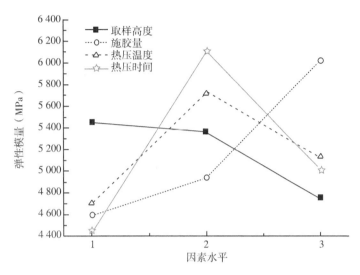

图 5-23　玉米秸秆皮单板层积材 MOE 变化曲线

　　玉米秸秆皮层积材的 IB 随各试验因素水平的变化情况见图 5-24。图 5-24 中，随着取样高度、施胶量的增大，玉米秸秆皮层积材的 IB 都增大，这主要是上部玉米秸秆皮中含有的—OH 极性基团较多，更有利于胶液润湿，提高了异氰酸酯胶与玉米秸秆皮的胶合效果；在施胶量由 8% 增加到 10% 时，玉米秸秆皮层积材的 IB 提高了 30.15%（$P<0.05$），增幅明显高于 10%~12% 阶段。随着热压温度、热压时间的增大，玉米秸秆皮层积材的 IB 都是先增大后又减小，可见，热压温度过高或过低都对板材的 IB 产生不利影响；热压时间为 6 min 时，异氰酸酯胶固化反应已基本完毕，热压时间过长则使玉米秸秆皮表面的半纤维素和胶黏剂都发生热分解，使玉米秸秆皮层积材的 IB 减小。从破坏后试样的电子扫描显微观察来看，破坏形式主要发生玉米秸秆皮层与层胶接区域的分离，没有发生玉米秸秆皮内部束状组织和维管束的撕裂，且破坏的位置主要在板材厚度层的中部，可见，提高胶黏剂与玉米秸秆皮表面胶接力，使板坯的芯层受热均匀，能够使玉米秸秆皮层积材获得更大的 IB。

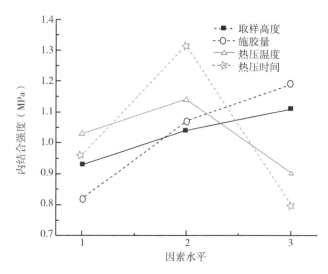

图 5-24  玉米秸秆皮单板层积材 IB 变化曲线

### 5.2.2.3  试验因素对玉米秸秆皮单板层积材物理性能的影响

图 5-25 是玉米秸秆皮单板层积材物理性能随试验因素水平变化的曲线。根据方差分析结果（表 5-8）可知，图 5-25 中玉米秸秆皮层积材的 WA2h、TS2h 变化趋势是一致的（$P<0.01$），取样高度、热压温度和热压时间都对玉米秸秆皮层积材的 TS2h、WA2h 有极显著影响（$P<0.01$）；施胶量对 TS2h 无显著影响（$P>0.05$），而对 WA2h 有显著影响（$P<0.05$）。由此可见，玉米秸秆皮层积材的 WA2h 随着 TS2h 的变化而变化，二者之间存在极显著的相关关系（$r=0.9640$）。

表 5-8  玉米秸秆皮单板层积材物理性能方差分析表

| 变异来源 | 自由度 | TS2h | | | WA2h | | |
|---|---|---|---|---|---|---|---|
| | | 平方和 | 均方 | $F$ 值 | 平方和 | 均方 | $F$ 值 |
| $A$ | 2 | 234.682 | 117.341 | 133.793** | 205.139 | 102.569 | 73.109** |
| $B$ | 2 | 2.109 | 1.054 | 1.202 | 15.232 | 7.616 | 5.428* |
| $C$ | 2 | 92.527 | 46.263 | 52.750** | 167.594 | 83.797 | 59.729** |
| $D$ | 2 | 24.416 | 12.208 | 13.919** | 61.854 | 30.927 | 22.044** |
| 误差 | 18 | 15.787 | 0.877 | | 25.253 | 1.403 | |
| 总计 | 27 | 5737.390 | | | 51626.740 | | |

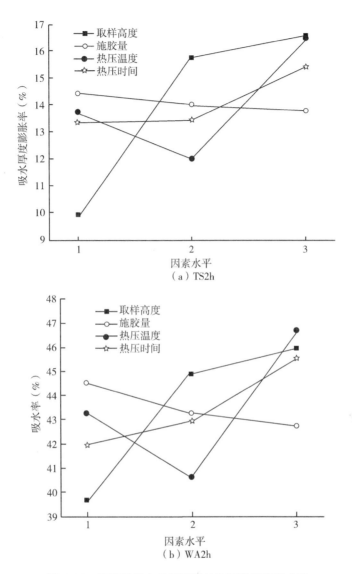

图 5-25 玉米秸秆皮单板层积材物理性能变化曲线

由图 5-25 可以看出，玉米秸秆皮层积材的 TS2h、WA2h 随着取样高度、热压时间的增大而增大，而随着施胶量的增大而减小，这说明，玉米秸秆皮随着取样高度的增大，其木质素、纤维素和半纤维素等主要化学成分含量也发生变化，亲水性极性基团越多就极易于吸附水，使其 TS2h 和 WA2h 增大；此外，热压时间越长，异氰酸酯胶和玉米秸秆皮中半纤维素与纤维素热分解量越多，极易破坏胶黏剂在玉米秸秆皮表面形成的保护层，使其吸附更多的水；施胶量增大，则胶黏剂在玉米秸秆皮表层形成的保护层越厚，能够阻挡水分子的浸入，使其 TS2h、WA2h 有所减小。随着热压温度的增大，玉米秸秆皮层积材的 TS2h 与 WA2h 先减小后增大，说明热压温度的升高，有利于胶黏剂与玉米秸秆皮胶合，但过高的热压温度，加速了胶黏剂降解和玉米秸秆皮中半纤维素及纤维素的热分解，使玉米秸秆皮层积材的 TS2h 和 WA2h 增大。

### 5.2.2.4 玉米秸秆皮单板层积材制备工艺优化及验证试验

1）工艺优化

由表 5-6 中试验结果进行极差分析，得出各试验因素影响玉米秸秆皮单板层积材物理力学性能指标的主次顺序。

影响玉米秸秆皮单板层积材 MOR 主次顺序为：取样高度>施胶量>热压时间>热压温度。最优条件为：取样高度为根部，施胶量为 12%，热压时间为 6 min，热压温度为 150 ℃。

影响玉米秸秆皮单板层积材 MOE 主次顺序为：热压时间>施胶量>热压温度>取样高度。最优条件为：热压时间为 6 min，施胶量为 12%，热压温度为 150 ℃，取样高度为根部。

影响玉米秸秆皮层积材 IB 主次顺序为：热压时间>施胶量>热压温度>取样高度。最优条件为：热压时间为 6 min，施胶量为 12%，热压温度为 150 ℃，取样高度为根部。

影响玉米秸秆皮单板层积材 TS2h、WA2h 主次顺序均为：取样高度>热压温度>热压时间>施胶量。最优条件为：取样高度为根部，热压温度为 150 ℃，热压时间为 3 min，施胶量为 12%。

综合以上分析结果，得出玉米秸秆皮单板层积材最优工艺参数组合为：取样高度为根部，施胶量为 12%，热压温度为 150 ℃，热压时间为 6 min。

2）试验验证

根据工艺优化结果，选取根部的玉米秸秆皮，施胶量为 12%，热压温度为 150 ℃，热压时间为 6 min，设定微机控制液压伺服万能试验机的压力为 180 kN，加载速度为 5 mm/min，板材目标厚度为≤6 mm，在此条件下制备玉米秸秆皮层积材，待试样平衡后，按照国家标准 GB/T 17657—2013《人造板及饰面人造板理化性能试验方法》，检测板材的力学性能指标和物理性能指标，其结果见表 5-9。

表 5-9 结果表明，在最优工艺条件下制备的玉米秸秆皮单板层积材的力学性能，符合 GB/T 20241—2006《单板层积材》、LY/T 1611—2003《地板基材用纤维板》的使用要求。

表 5-9　优化工艺制备的玉米秸秆皮单板层积材的性能

| 项目 | 静曲强度（MPa） | 弹性模量（MPa） | 内结合强度（MPa） | 吸水厚度膨胀率（%） | 吸水率（%） | 板材密度（g/cm³） | 板内密度偏差（%） | 含水率（%） |
|---|---|---|---|---|---|---|---|---|
| 试样 1 | 72.6 | 6 581.2 | 1.37 | 6.8 | 33.3 | 0.843 | ±3.512 | 5.2 |
| 试样 2 | 76.3 | 6 627.7 | 1.41 | 7.0 | 34.7 | 0.856 | ±3.667 | 5.5 |
| 试样 3 | 74.7 | 6 884.9 | 1.40 | 6.6 | 31.2 | 0.814 | ±3.611 | 5.7 |
| 试样 4 | 75.6 | 6 707.4 | 1.39 | 6.2 | 29.6 | 0.847 | ±3.522 | 6.1 |
| 试样 5 | 73.9 | 6 726.5 | 1.42 | 6.4 | 30.5 | 0.851 | ±3.716 | 5.8 |
| 平均值 | 74.6±1.45 | 6 705.5±116.3 | 1.40±0.02 | 6.6±0.32 | 31.9±2.09 | 0.842±0.016 | ±3.606 | 5.7±0.34 |
| GB/T 20241—2006 | 22.5（优等品） | 6 000（平均值） | — | — | — | — | — | 6~14 |
| LY/T 1611—2003 | ≥40 | ≥3 500 | ≥1.2 | ≤10 | — | ≥0.80 | ±4.0 | 4~8 |

## 5.3　玉米秸秆皮复合板制备工艺及其性能分析

玉米秸秆皮表皮层中 $SiO_2$ 复合材料对胶合产生不利影响，常将玉米秸秆皮粉碎后生产刨花板或碎料板，但其生产工艺中，原材料处理工序复杂，生产能耗较高。考虑到玉米秸秆皮表皮层中 $SiO_2$ 复合材料有益于改善材料的抗弯强度、热稳定性和疏水性，而在利用完整玉米秸秆皮制板时需要去除其表皮层，因此，在制板时既能应用完整玉米秸秆皮又能合理利用其表皮层具有现实意义。本章提出一种通过去除表皮层来改善玉米秸秆皮胶合性能并回收利用表皮层碎料来制备玉米秸秆皮复合板的方法，并以表皮层碎料为表层、去除表皮层后的玉米秸秆皮为芯层进行三层复合板制备试验，研究玉米秸秆生物特性（取样高度）、板坯结构（表层比例），以及热压温度与热压时间等设备工艺技术条件对玉米秸秆皮复合板物理力学性能影响的基本规律，为基于玉米秸秆组分分离技术的玉米秸秆皮制板工艺优化提供理论依据和技术参考。

## 5.3.1 材料与方法

### 5.3.1.1 试验材料与设备

选用郑州市郊毛庄农场种植的先玉 335 品种的成熟玉米秸秆，利用玉米秸秆皮穰叶分离机获得完整的玉米秸秆皮，以 150 mm 长度为标准，沿玉米秸秆生长方向按茎节顺序依次切断，然后将其厚度约 0.04 mm 的表皮层利用磨削法去除，制成宽度 8~16 mm 的试样，风干至含水率为 10%。将所有去除后的玉米秸秆皮表皮层收集，集中粉碎至 80~120 目。表 5-10 为表皮层去除前后玉米秸秆皮的元素成分和化学成分变化情况。

表 5-10　表皮层去除前后玉米秸秆皮的元素成分和化学成分

| 项目 | 元素成分 | | | 化学成分 | | |
|---|---|---|---|---|---|---|
| | Si（%） | C（%） | O（%） | 纤维素（%） | 半纤维素（%） | 木质素（%） |
| 表皮层去除前 | 21.74 | 24.76 | 46.22 | 35.10 | 23.98 | 26.02 |
| 表皮层去除后 | 0.12 | 53.17 | 41.58 | 35.85 | 25.20 | 24.83 |

胶黏剂：异氰酸酯胶（pMDI），固体质量分数 60%±1%，布氏黏度 10 000~13 000 MPa·s（25 ℃），pH 值 6.6~7.5，市购。

试验所需仪器与设备，同 5.2.1。

### 5.3.1.2 玉米秸秆皮复合板制板工艺

在前期研究中发现，玉米秸秆皮表皮层中 $SiO_2$ 复合材料有较好的热稳定性和疏水性，而在利用完整玉米秸秆皮制板时需要去除其表皮层，因此可通过去除表皮层来改善玉米秸秆皮胶合性能，并通过将表皮层碎料用于表层来改善玉米秸秆皮板材的防水性能，达到回收利用表皮层碎料以减少生产成本并提高板材性能的目的。玉米秸秆皮复合板制备工艺路线如图 5-26 所示。组坯时，按照图 5-27 所示的板坯结构进行铺放，上、下表层中铺设拌胶后的表皮层碎料，芯层中铺放涂胶后的玉米秸秆皮，施胶量均为 12%；板坯厚度 $H$ 一定（50 mm），表层厚度 $h$ 随表皮层碎料添加量的变化而变化；芯层中，每层玉米秸秆皮沿轴向平行铺放（厚度 1~2 mm），层与层之间交叉 90°铺放；板坯与上、下凸模之间铺设锡纸以便于脱模。热压时，设定压力为 180 kN，加载速度为 5 mm/min，板材目标厚度为 10 mm。

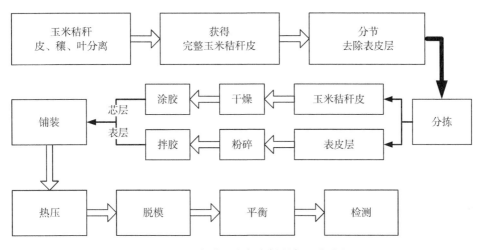

图 5-26　玉米秸秆皮复合板制备工艺流程

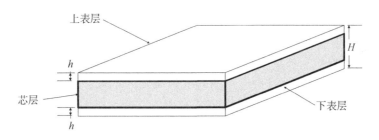

图 5-27　玉米秸秆皮复合板结构

### 5.3.1.3　试验设计

由于不同取样高度之间的玉米秸秆皮拉伸和剪切特性差异显著，且施胶量为 10%~12% 时的板材性能较好，因此，本试验为考察玉米秸秆生物特性、复合板结构及热压工艺条件对玉米秸秆皮复合板性能的影响，选择取样高度（不同茎节的玉米秸秆皮）、表层比例（双面表层中表皮层碎料干物质占其与芯层中玉米秸秆皮干物质总质量的百分数）、热压温度和热压时间为试验因素进行单因素试验，然后根据单因素试验结果确定各试验因素的水平值，并采用 $L_9(3^4)$ 正交表再进行多因素试验，每组重复 3 次，因素及水平如表 5-11 所示。

表 5-11 试验因素编码水平表

| 水平 | 试验因素 | | | |
| --- | --- | --- | --- | --- |
| | 取样高度 A | 表层比例 B（%） | 热压温度 C（℃） | 热压时间 D（min） |
| 1 | 中下部（第 3 节） | 4 | 130 | 3 |
| 2 | 穗位部（第 5 节） | 8 | 150 | 6 |
| 3 | 中上部（第 7 节） | 12 | 170 | 9 |

### 5.3.1.4　板材性能测试方法

玉米秸秆皮复合板的物理力学性能测试方法，同 5.1.1.4。

## 5.3.2　结果与分析

### 5.3.2.1　取样高度对玉米秸秆皮复合板性能的影响

在表层比例为 8%、热压温度为 150 ℃、热压时间为 6 min 的条件下，考察取样高度为玉米秸秆的根部（第 1 节）、中下部（第 3 节）、穗位部（第 5 节）、中上部（第 7 节）、上部（第 9 节）时的玉米秸秆皮复合板性能，结果如图 5-28 所示。从图 5-28 中可以看出，随着取样高度的增大，玉米秸秆皮复合板的 MOR 和 MOE 减小，IB、TS 和 WA 则逐渐增大，这主要由于不同取样高度之间玉米秸秆皮的化学成分及其纤维形态特征存在显著差异，且其化学成分、纤维形态特征参数与力学特性和吸水性能存在相关性。取样高度从第 1 节增至第 5 节，MOR、MOE 分别减小了 6.84%（$P<0.05$）、5.84%（$P<0.05$），IB、TS、WA 分别增大了 5.88%（$P>0.05$）、14.62%（$P<0.05$）、8.61%（$P<0.05$）；取样高度从第 5 节增至第 9 节，MOR、MOE 分别减小了 19.21%（$P<0.01$）、16.71%（$P<0.01$），IB、TS、WA 分别增大了 15.36%（$P<0.01$）、25.10%（$P<0.01$）、18.11%（$P<0.01$）；可见，穗位部上、下部位制备的玉米秸秆皮复合板性能之间差异显著，由穗位部及其以下部位的玉米秸秆皮制备的复合板性能（除 IB 外）均优于穗位部以上部位的玉米秸秆皮制备的复合板，结果见图 5-28。

　　为促进玉米秸秆整秆在人造板中的利用，考虑到收获方式对玉米秸秆资源利用方式的影响，最终确定中下部（第 3 节）、穗位部（第 5 节）和中上部（第 7 节）为正交试验时取样高度的水平。

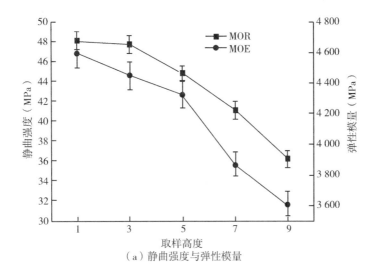

（a）静曲强度与弹性模量

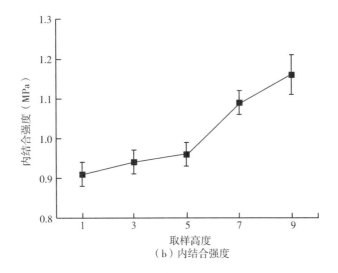

（b）内结合强度

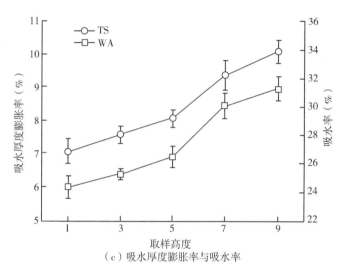

（c）吸水厚度膨胀率与吸水率

**图 5-28　取样高度对玉米秸秆皮复合板的影响**

注：1、3、5、7、9分别表示玉米秸秆的根部、中下部、穗位部、中上部、上部；表层比例为8%，热压温度为150 ℃，热压时间为 6 min。

### 5.3.2.2　表层比例对玉米秸秆皮复合板性能的影响

在取样高度为穗位部（第5节）、热压温度为150 ℃、热压时间为 6 min 的条件下，考察表层比例为0%、4%、8%、12%、16%时玉米秸秆皮复合板的性能，结果见图5-29。

随着表层比例的增大，玉米秸秆皮复合板的 MOR、MOE、TS、WA 都减小，而 IB 变化不明显。表层比例从0%增至16%，玉米秸秆皮复合板的 MOR、MOE、TS、WA 分别减小了 22.69%（$P < 0.05$）、26.22%（$P < 0.05$）、30.21%（$P < 0.01$）、26.02%（$P < 0.01$）。

图 5-30 为玉米秸秆皮复合板中表层与芯层的微观形貌。从图 5-30 中观察，表层中的表皮层颗粒被胶黏剂团团包围并镶嵌在一起，芯层中玉米秸秆皮层层叠加并相互搭接，且露出一定的缝隙。可见，表层比例的增大对玉米秸秆皮复合板性能产生的影响有两个主要方面：一方面是复合板中起"骨架"作用的玉米秸秆皮的质量分数减小，使板材中木质纤维含量减少，其抗弯曲能力和刚度

减小，玉米秸秆皮复合板的 MOR 和 MOE 则减小；另一方面是表皮层碎料比表面积较大，有利于与胶液胶合，胶黏剂在表皮层碎料表面覆盖一层薄膜，表层覆盖芯层两侧，并阻碍了水分从板材表面进入芯层的缝隙中，使玉米秸秆皮复合板的 TS 和 WA 减小。

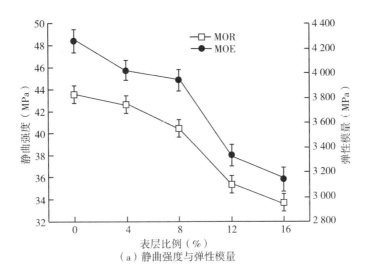

（a）静曲强度与弹性模量

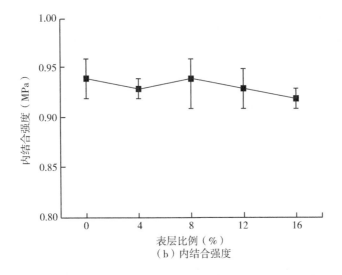

（b）内结合强度

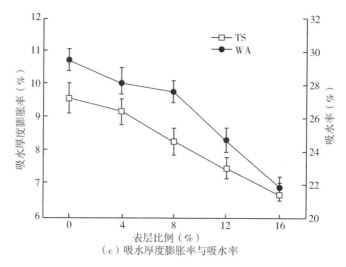

（c）吸水厚度膨胀率与吸水率

**图 5-29 表层比例对玉米秸秆皮复合板的影响**

注：取样高度为穗位部（第 5 节），热压温度为 150 ℃，热压时间为 6 min。

（a）表层（×500）          （b）芯层（×300）

**图 5-30 玉米秸秆皮复合板微观形貌**

由于每棵玉米秸秆中，从玉米秸秆皮表面剥离的表皮层碎料有限，结合单因素试验结果，最终确定 4%、8%、12% 为正交试验时表层比例的水平。

### 5.3.2.3 热压温度对玉米秸秆皮复合板性能的影响

在取样高度为穗位部（第 5 节）、表层比例为 8%、热压时间为 6 min 时，考察不同热压温度（110 ℃、130 ℃、150 ℃、170 ℃、190 ℃）对玉米秸秆皮复合板性能的影响，见图5-31。

　　随着热压温度的升高，玉米秸秆皮复合板的MOR、MOE、IB等力学性能指标都是先增大后又减小，而TS、WA等物理性能指标先减小后又增大。由此可见，热压温度的增大，有利于胶黏剂与表皮层碎料和玉米秸秆皮胶合并加速固

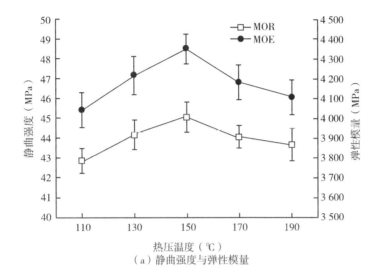

（a）静曲强度与弹性模量

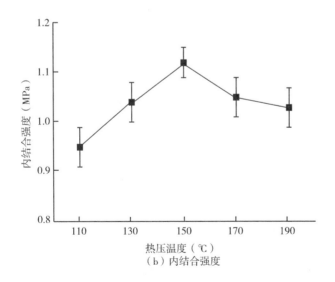

（b）内结合强度

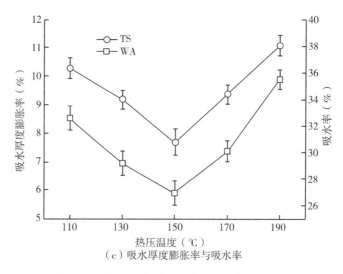

（c）吸水厚度膨胀率与吸水率

**图 5-31　热压温度对玉米秸秆皮复合板的影响**

注：取样高度为穗位部（第 5 节），表层比例为 8%，热压时间

为 6 min。

化，提高了板材的力学性能和物理性能；表皮层碎料质量分数的增加有利于板坯的热稳定，但过高的温度加速了表层与芯层中半纤维素的热分解和胶黏剂老化，从而使玉米秸秆皮复合板的 MOR、MOE 和 IB 又逐渐减小，TS 和 WA 又逐渐增大。热压温度从 110 ℃升至 150 ℃，玉米秸秆皮复合板的 MOR、MOE、IB 各增大了 5.21%（$P<0.05$）、7.59%（$P<0.05$）、16.44%（$P<0.01$），玉米秸秆皮复合板的 TS、WA 分别减小了 25.24%（$P<0.01$）、17.48%（$P<0.01$）；热压温度从 150 ℃升至 190 ℃，玉米秸秆皮复合板的 MOR、MOE、IB 各减小了 3.18%（$P>0.05$）、5.59%（$P<0.05$）、8.60%（$P<0.05$），玉米秸秆皮复合板的 TS、WA 各增大了 44.16%（$P<0.01$）、31.85%（$P<0.01$）。

在热压温度为 150 ℃时，玉米秸秆皮复合板的物理力学性能达到最优，考虑到设备能耗和热压温度低使板坯出现分层的不利影响，最终确定 130 ℃、150 ℃、170 ℃为正交试验中热压温度的水平。

### 5.3.2.4　热压时间对玉米秸秆皮复合板性能的影响

在取样高度为穗位部（第 5 节）、表层比例为 8%、热压温度为 150 ℃时，考察热压时间为 3 min、6 min、9 min、12 min、15 min 条件下玉米秸秆皮复合板

的性能，结果如图 5－32 所示。随着热压时间的增加，玉米秸秆皮复合板的
MOR、MOE、IB 先稍微增大后又显著减小，玉米秸秆皮复合板的 TS、WA 先减
小后又逐渐增大。在热压时间为 6 min 时，玉米秸秆皮复合板的力学性能和物理
性能达到最优。热压时间从 3 min 增至 6 min，玉米秸秆皮复合板的 MOR、
MOE、IB 各增大了 5.68%（$P<0.05$）、5.56%（$P<0.05$）、27.38%（$P<0.01$），

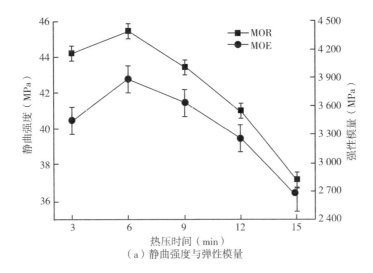

（a）静曲强度与弹性模量

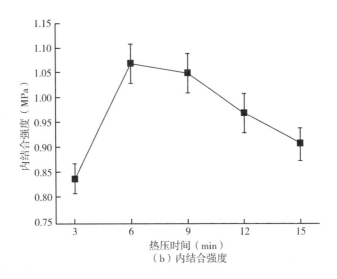

（b）内结合强度

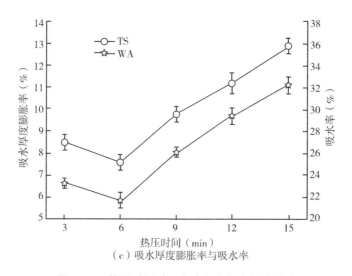

图 5-32　热压时间对玉米秸秆皮复合板的影响

注：取样高度为穗位部（第 5 节），表层比例为 8%，热压温度为 150 ℃。

玉米秸秆皮复合板的 TS、WA 分别减小了 10.59%（$P<0.05$）、7.13%（$P<0.05$）；热压时间从 6 min 增至 15 min，玉米秸秆皮复合板的 MOR、MOE、IB 各减小了 15.19%（$P<0.01$）、35.71%（$P<0.01$）、14.95%（$P<0.01$），玉米秸秆皮复合板的 TS、WA 各增大了 69.74%（$P<0.01$）、48.39%（$P<0.01$）。

可见，在一定热压时间内，能够促进胶黏剂固化并保证板坯受热均匀，有利于提高板材的力学性能；但热压时间过长，胶黏剂老化速度加快，板坯表层表皮层碎料与芯层玉米秸秆皮中半纤维素热分解产物易吸收更多的水分，从而使其物理性能迅速变差。考虑到设备能耗并保证板坯受热均匀，确定正交试验时热压时间的水平为 3 min、6 min、9 min。

### 5.3.2.5　工艺参数优化

在单因素试验的基础上进行正交试验，以玉米秸秆皮复合板的力学性能和物理性能为考核指标，通过对试验结果进行极差、方差分析来确定制备玉米秸秆皮复合板的最佳工艺参数组合。表 5-12 为玉米秸秆皮复合板工艺正交试验结果，由极差分析结果可知试验因素影响玉米秸秆皮复合板物理力学性能各自的主次顺序与优化组合方案。

表 5-12　玉米秸秆皮复合板制备工艺正交试验结果

| 试验序号 | 试验因素 | | | | 静曲强度（MPa） | 弹性模量（MPa） | 内结合强度（MPa） | 吸水厚度膨胀率（%） | 吸水率（%） |
|---|---|---|---|---|---|---|---|---|---|
| | A | B | C | D | | | | | |
| 1 | 1 | 1 | 1 | 1 | 45.10±0.92 | 4404.37±61.41 | 0.93±0.02 | 10.87±0.25 | 31.40±0.62 |
| 2 | 1 | 2 | 2 | 2 | 47.63±1.04 | 4569.93±52.10 | 1.17±0.05 | 6.43±0.42 | 26.17±0.35 |
| 3 | 1 | 3 | 3 | 3 | 46.90±0.62 | 4439.53±67.20 | 0.73±0.03 | 7.87±0.35 | 28.27±0.32 |
| 4 | 2 | 1 | 2 | 3 | 44.53±0.74 | 4374.70±62.55 | 1.04±0.05 | 10.03±0.55 | 30.27±0.59 |
| 5 | 2 | 2 | 3 | 1 | 42.37±0.87 | 4240.07±74.09 | 0.88±0.03 | 8.43±0.57 | 28.43±0.65 |
| 6 | 2 | 3 | 1 | 2 | 42.70±1.01 | 4296.03±38.64 | 1.03±0.04 | 8.77±0.42 | 28.60±0.75 |
| 7 | 3 | 1 | 3 | 2 | 41.70±0.56 | 4136.57±68.81 | 0.98±0.03 | 10.43±0.35 | 30.83±0.31 |
| 8 | 3 | 2 | 1 | 3 | 40.40±0.85 | 4036.00±69.63 | 0.87±0.02 | 10.33±0.47 | 31.47±0.67 |
| 9 | 3 | 3 | 2 | 1 | 39.60±0.62 | 4079.37±50.59 | 1.15±0.06 | 7.23±0.42 | 27.50±0.53 |
| $K_{1a}$ | 46.544 | 43.778 | 42.733 | 42.356 | | | | | |
| $K_{2a}$ | 43.200 | 43.467 | 43.922 | 44.011 | 影响 MOR 主次顺序：A>D>C>B | | | | |
| $K_{3a}$ | 40.567 | 43.067 | 43.656 | 43.944 | 优化组合方案：$A_1D_2C_2B_1$ | | | | |
| $R_a$ | 5.977 | 0.711 | 1.189 | 1.655 | | | | | |
| $K_{1b}$ | 4471.278 | 4305.211 | 4245.467 | 4241.267 | | | | | |
| $K_{2b}$ | 4303.600 | 4282.000 | 4341.333 | 4334.178 | 影响 MOE 主次顺序：A>C>D>B | | | | |
| $K_{3b}$ | 4083.978 | 4271.644 | 4272.056 | 4283.411 | 优化组合方案：$A_1C_2D_2B_1$ | | | | |
| $R_b$ | 387.300 | 33.567 | 95.866 | 92.911 | | | | | |
| $K_{1c}$ | 0.942 | 0.982 | 0.942 | 0.983 | | | | | |
| $K_{2c}$ | 0.982 | 0.972 | 1.119 | 1.057 | 影响 IB 主次顺序：C>D>A>B | | | | |
| $K_{3c}$ | 0.999 | 0.969 | 0.862 | 0.883 | 优化组合方案：$C_2D_2A_3B_2$ | | | | |
| $R_c$ | 0.057 | 0.013 | 0.257 | 0.174 | | | | | |
| $K_{1d}$ | 8.389 | 10.444 | 9.989 | 8.844 | | | | | |
| $K_{2d}$ | 9.078 | 8.400 | 7.900 | 8.544 | 影响 TS 主次顺序：B>C>A>D | | | | |
| $K_{3d}$ | 9.333 | 7.956 | 8.911 | 9.411 | 优化组合方案：$B_3C_2A_1D_2$ | | | | |
| $R_d$ | 0.944 | 2.488 | 2.089 | 0.867 | | | | | |

（续表）

| 试验序号 | 试验因素 | | | | 静曲强度（MPa） | 弹性模量（MPa） | 内结合强度（MPa） | 吸水厚度膨胀率（%） | 吸水率（%） |
|---|---|---|---|---|---|---|---|---|---|
| | $A$ | $B$ | $C$ | $D$ | | | | | |
| $K_{1e}$ | 28.611 | 30.833 | 30.489 | 29.111 | | | | | |
| $K_{2e}$ | 29.100 | 28.689 | 27.978 | 28.533 | 影响 WA 主次顺序：$B>C>D>A$ | | | | |
| $K_{3e}$ | 29.933 | 28.122 | 29.178 | 30.000 | 优化组合方案：$B_3C_2D_2A_1$ | | | | |
| $R_e$ | 1.322 | 2.711 | 2.511 | 1.467 | | | | | |

注：$a$、$b$、$c$、$d$、$e$ 分别表示静曲强度、弹性模量、内结合强度、吸水厚度膨胀率、吸水率。

　　方差分析结果表明（表 5-13、表 5-14），取样高度对 MOR、MOE、TS、WA 影响都极显著（$P<0.01$），对 IB 影响较显著（$P<0.05$）；表层比例对 MOR、MOE、IB 影响不显著（$P>0.05$），而对 TS、WA 影响极显著（$P<0.01$）；热压温度对 MOR、MOE 影响较显著（$P<0.05$），而对 IB、TS、WA 影响极显著（$P<0.01$）；热压时间对 MOR、IB、TS、WA 影响都极显著（$P<0.01$），而对 MOE 影响较显著（$P<0.05$）。结合极差分析结果，得出玉米秸秆皮复合板制备工艺参数的最佳组合为：取样高度为中下部、表层比例为 12%、热压温度为 150 ℃、热压时间为 6 min。

**表 5-13　玉米秸秆皮复合板力学性能方差分析**

| 变异来源 | 自由度 | 静曲强度 | | | 弹性模量 | | | 内结合强度 | | |
|---|---|---|---|---|---|---|---|---|---|---|
| | | 平方和 | 均方 | F 值 | 平方和 | 均方 | F 值 | 平方和 | 均方 | F 值 |
| $A$ | 2 | 161.561 | 80.780 | 119.576** | 679 053.143 | 339 526.571 | 89.769** | 0.015 | 0.008 | 5.585* |
| $B$ | 2 | 2.287 | 1.144 | 1.693 | 5 318.143 | 2 659.071 | 0.703 | 0.001 | 0.000 | 0.317 |
| $C$ | 2 | 7.005 | 3.503 | 5.185* | 44 090.392 | 22 045.196 | 5.829* | 0.310 | 0.155 | 113.585** |
| $D$ | 2 | 15.810 | 7.905 | 11.701** | 38 957.650 | 19 478.825 | 5.150* | 0.136 | 0.068 | 49.854** |
| 误差 | 18 | 12.160 | 0.676 | | 68 080.227 | 3 782.235 | | 0.025 | 0.001 | |
| 总计 | 27 | 51 141.780 | | | 496 885 998.150 | | | 26.125 | | |

注：* 表示较显著（$P<0.05$）；** 表示极显著（$P<0.01$）；下同。

**表 5-14　玉米秸秆皮复合板物理性能方差分析**

| 变异来源 | 自由度 | 吸水厚度膨胀率 TS（%） | | | 吸水率 WA（%） | | |
|---|---|---|---|---|---|---|---|
| | | 平方和 | 均方 | F 值 | 平方和 | 均方 | F 值 |
| $A$ | 2 | 4.296 | 2.148 | 11.506** | 8.045 | 4.023 | 13.070** |
| $B$ | 2 | 37.716 | 15.858 | 84.952** | 36.810 | 18.405 | 59.799** |

（续表）

| 变异来源 | 自由度 | 吸水厚度膨胀率 TS（%） | | | 吸水率 WA（%） | | |
|---|---|---|---|---|---|---|---|
| | | 平方和 | 均方 | F 值 | 平方和 | 均方 | F 值 |
| C | 2 | 19.642 | 9.821 | 52.613** | 28.394 | 14.197 | 46.128** |
| D | 2 | 3.487 | 1.743 | 9.339** | 9.825 | 4.913 | 15.961** |
| 误差 | 18 | 3.360 | 0.187 | | 5.540 | 0.308 | |
| 总计 | 27 | 2 217.220 | | | 23 133.260 | | |

#### 5.3.2.6 试验验证

采用最佳工艺参数组合方案进行玉米秸秆皮复合板制备的验证试验，按照国家标准 GB/T 4897.3—2003《室内装修刨花板》和 GB/T 17657—2013《人造板及饰面人造板理化性能试验方法》检测板材的力学性能指标和物理性能指标，试验结果见表5-15。表5-15结果表明，在最优工艺条件下制备的玉米秸秆皮复合板的物理力学性能，符合 GB/T 4897.3—2003《室内装修刨花板》的使用要求。

表5-15　优化工艺制备的玉米秸秆皮复合板的性能

| 项目 | 静曲强度（MPa） | 弹性模量（MPa） | 内结合强度（MPa） | 吸水厚度膨胀率（%） | 吸水率（%） |
|---|---|---|---|---|---|
| 试样1 | 48.3 | 4 432.6 | 1.18 | 7.2 | 24.4 |
| 试样2 | 47.7 | 4 425.9 | 1.21 | 7.1 | 24.3 |
| 试样3 | 46.8 | 4 503.2 | 1.23 | 6.3 | 22.9 |
| 试样4 | 47.4 | 4 595.3 | 1.15 | 6.9 | 22.7 |
| 试样5 | 49.1 | 4 471.8 | 1.16 | 6.6 | 23.5 |
| 平均值 | 47.86±0.88 | 4 485.76±68.8 | 1.19±0.03 | 6.82±0.37 | 23.56±0.78 |
| GB/T 4897.3—2003《室内装修刨花板》 | ≥14 | ≥1 800 | ≥0.8 | ≤8.0 | — |

# 6 玉米秸秆穰高值化利用技术

在人造板利用研究过程中发现，由于玉米秸秆皮、穰在弹性模量、变形、极限应力等方面存在显著差异，利用玉米秸秆整秆生产的人造板的抗压强度、内结合强度等性能指标不能满足实际应用需求。基于玉米秸秆穰具有多孔贯通和密度低的特点，将玉米秸秆穰用于制作颗粒饲料和吸声保温材料，是玉米秸秆穰高值化利用的主要发展方向。

## 6.1 玉米秸秆穰颗粒饲料

玉米秸秆穰颗粒饲料在同等饲养条件下，饲料优于或相当于结构氨化饲料，与粉碎后发酵的玉米秸秆饲料相比，玉米秸秆穰颗粒饲料粗纤维降低 2.79% ~ 2.81%，粗蛋白由原来的 3.3% 提高到 6.8%，氨基酸总量达到 1.46%，其粗蛋白含量已达到玉米粒接近麦麸的水平。经猪对秸秆粗纤维的消化率试验，结果表明，消化率已由原来的 20% 提高到 40% 以上，消化能达到了 2.0~2.2 Mcal/kg，说明玉米秸秆穰是一种具有相当营养水平和营养价值的配合饲料。以 20%~25% 的玉米秸秆穰颗粒饲料取代相当部分玉米粒和大部分麦麸、米、粮用于喂猪，基本可以达到全价饲料的水平，而饲料成本则可降低很多。总体上比较而言，玉米秸秆穰颗粒饲料具有以下特点。①熟化性好，营养成分提高，消化率高。玉米秸秆穰颗粒饲料粗蛋白、氨基酸、维生素含量高，据测算，其干物质体内消化率可提高 24.14%，粗纤维体内消化率可提高 43.77%，有机物体内消化率可提高 29.4%。②适口性好，采食量高。玉米秸秆穰颗粒饲料有醇香味，刺激家畜食欲，从而提高采食量，采食速度可提高 40%~43%，采食量可增加 20%~40%，增重速度快，提高免疫能力。③喂养方便。干食饲喂省工、省力，饲料损失少。④制作季节长。不误农时，一年四季均可加工。⑤保存期长，无毒无害。玉米秸秆穰颗粒饲料不易霉变，保存期长；取用方便，安全可靠。⑥便于运输、储存。玉米秸秆穰颗粒饲料成型密度大，对于长途运输、抗灾保畜有明显优越性。

为探索玉米秸秆穰饲料压缩成型工艺以及微生物发酵对饲料压缩成型的影响，沈阳农业大学高翔利用模具和 WDW-200 型微机控制电子万能试验机等设备开展了饲料用玉米秸秆穰压缩成型试验研究。结果表明，玉米秸秆穰无论是微生物发酵还是生物酶解处理，在一定程度上都会促进秸秆穰物料的成型。以径向抗压强度为试验指标时，各个因素对饲料块径向抗压强度的影响主次顺序为：含水率>秸秆穰处理方式>添加精料的比例>压缩应力，把玉米秸秆穰用半乳糖酶处理后，添加精料 50% 并控制其含水率为 15.6% 左右时，以 24.05 MPa 的压缩应力对秸秆穰物料进行施压，就可以得到径向抗压强度较好的饲料块。以秸秆穰压缩成型后的 24 h 膨胀系数为试验指标时，各个因素影响的主次顺序为：含水率>压缩应力>秸秆穰处理方式>精料添加比例，将含水率控制在 18.8%，压缩应力为 24.05 MPa，秸秆穰进行半乳糖酶处理并添加 50% 的精料时效果达到最佳。玉米秸秆穰进行酶解处理，特别是半乳糖酶和漆酶处理，可以在一定程度上增强径向抗压强度；配比精料则更能获得性能较好的成型饲料，使秸秆穰饲料的营养成分得到很大的提高。

## 6.2 吸声保温玉米秸秆穰板

为研发和推广具有吸声降噪、保温节能和可再生的新型环保材料用于建筑行业，北京林业大学木质材料科学与应用教育部重点实验室对吸声保温玉米秸秆穰板制备及性能进行了试验研究。

### 6.2.1 材料与方法

#### 6.2.1.1 原材料

玉米秸秆放置 6 个月左右自然风干，手工分离秸秆皮和穰，穰密度为 0.04 g/cm³，并通过疏解机将秸秆穰疏解为丝状，穰丝的长度为 50~200 mm，宽度为 5~10 mm，厚度为 1~3 mm，在压制前将其干燥至含水率为 5% 待用。胶黏剂采用万华 PM200 异氰酸酯（MDI）胶黏剂，其性能指标如下：密度 1.220~1.250 g/cm³，黏度为（25 ℃）150~250 MPa·s，—NCO（Wt）含量为

30.2%~32.0%，酸分（以 HCl 计）≤0.05%，水解氯含量为≤0.2%。

### 6.2.1.2　试验方法

在前期预试验的基础上，按照表 6-1 所示的板材密度、施胶量和厚度称量相应的玉米秸秆穰丝和 MDI，将 MDI 与丙酮以 1∶1.5 的比例混合均匀，放入喷壶中；将玉米秸秆穰丝放入喷雾式拌胶机中并密封，加压使得 MDI 与丙酮的混合液体喷到拌胶机中的玉米秸秆穰丝上；将施胶后的玉米秸秆穰丝放入长宽为 300 mm×300 mm 的板坯模具中进行均匀铺装，将铺装好的材料放入热压机，在相同的热压曲线（热压压力为 1 MPa、热压时间为 9 min）条件下，采用厚度规定厚压制成板材，每组 3 块。

将冷却后的板材裁去边缘松散部分，在室温下放置 48 h 以消除板材的内应力并使含水率趋于平衡。用热流法测定试件的导热系数，所用试件尺寸为 300 mm×300 mm；参照 GB/T 18696.1—2004《声学　阻抗管中吸声系数和声阻抗的测量　第 1 部分：驻波比法》，对玉米秸秆穰板的吸声系数进行测试。把板材加工成直径为 100 mm 的圆形试件，设定试件的测试频率为 200 Hz、250 Hz、315 Hz、400 Hz、500 Hz、630 Hz、800 Hz、1 000 Hz、1 250 Hz、1 600 Hz 和 2 000 Hz，取吸声系数的算术平均值记为材料的平均吸声率（Average sound absorption factor，AVG），另外计算 250 Hz、500 Hz、1 000 Hz 和 2 000 Hz 4 个倍频带的吸声系数的算术平均值作为材料的降噪系数（Noise reduction coefficient，NRC）。

表 6-1　玉米秸秆穰板因素取值表

| 施胶量（%） | 热压温度（℃） | 密度（g/cm³） | 厚度（mm） |
|---|---|---|---|
| 2、4、6 | 160 | 0.1 | 40 |
| 4 | 140、160、180 | 0.1 | 40 |
| 4 | 160 | 0.05、0.1、0.15、0.2 | 40 |
| 4 | 160 | 0.1 | 10、20、30、40 |

## 6.2.2　结果与分析

### 6.2.2.1　施胶量对玉米秸秆穰板性能的影响

由图 6-1（a）可知，3 种施胶量的玉米秸秆穰板吸声频率特性曲线的走势大致相同，在 250~500 Hz 范围吸声系数较低，且吸声系数随频率的升高呈现增大趋势；500 Hz 之后吸声系数显著升高，甚至在频率为 1 250 Hz 和 2 000 Hz 时玉米秸秆穰板的吸声系数在 0.9 左右。这主要是因为玉米秸秆穰是多孔性吸声材料，具有典型的泡沫吸声材料的吸声特性，发泡材料对低频的吸声性能较差，且吸声系数随着频率的增高而增大，吸声特性曲线由低频向高频逐步升高，出现不同程度的起伏，玉米秸秆穰板的吸声系数大于 0.2 的频率范围为 630～2 000 Hz，中高频的吸声性能明显高于低频吸声性能，表明玉米秸秆穰板属于多孔材料性质的中高频吸声材料。

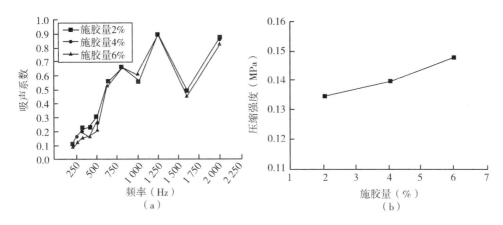

图 6-1　不同施胶量对玉米秸秆穰板性能的影响

　　玉米秸秆穰板具有吸声性能与穰本身的结构有很大关系，玉米秸秆穰是多孔性结构，在材料内部有大量连通的孔隙，孔隙之间彼此贯通形成空气通道，当声波入射到材料的表面时，大部分的声波能被反射回来，一部分被透射，还有一部分被材料本身的振动吸收。观察组间差异发现，在 200～500 Hz 频率范围时，施胶量为 2% 的玉米秸秆穰板的吸声系数略高于施胶量为 4% 和 6% 的板材。这是由于多孔材料在中低频率下振动吸声是吸声的主要形式，高施胶量的板材强度较高，不利于振动吸声；但是当频率高于 500 Hz 之后材料间的吸声系数基本一致，仅在个别点出现较小的差异。

　　表 6-2 中不同施胶量的玉米秸秆穰板吸声系数的频率特性相似，试件的平均吸声系数和降噪系数值均大于 0.4，降噪系数介于 0.4～0.6，根据 GB/T 16731—1997《建筑吸声产品的吸声性能分级》达到了 Ⅲ 级标准。试样的吸声性能均满足建筑吸声材料的要求。

表 6-2    不同施胶量玉米秸秆瓤板的平均吸声系数和降噪系数

| 指标 | 施胶量 | | |
|---|---|---|---|
| | 2% | 4% | 6% |
| 平均吸声系数 | 0.46 | 0.44 | 0.43 |
| 降噪系数 | 0.48 | 0.46 | 0.44 |

由图 6-1 （b）可知，随着施胶量的增大，玉米秸秆瓤板的压缩强度增大。这是由于随着施胶量的增加玉米秸秆瓤之间的胶黏剂增多，胶接强度变大，材料之间的相互作用增强，在相同的形变条件下需要的力增大。当施胶量为 2% 时，板材的压缩强度为 0.135 MPa，大于 GB/T 25975—2010《建筑外墙外保温用岩棉制品》中要求的 40 kPa。

### 6.2.2.2    温度对玉米秸秆瓤板性能的影响

图 6-2 所示为 3 种不同热压温度、施胶量均为 4% 条件下制成的密度均为 0.10 g/cm³、厚度均为 40 mm 板材在不同声波入射频率下的吸声频率特征曲线和压缩性能曲线。

随着热压温度的增加，板坯中的玉米秸秆瓤发生一定程度的降解碳化，对声波的反射增多，所以造成吸声系数降低；随着热压温度的增大，胶黏剂固化得也更加充分，玉米秸秆瓤间的黏接也更为紧密，孔隙变小，声波与材料摩擦的强度降低，使吸声系数有一定程度的降低。

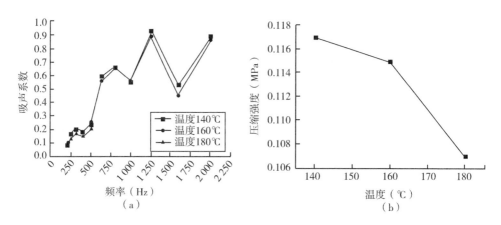

图 6-2    热压温度对玉米秸秆瓤板性能的影响

由图 6-2（b）可知，随着热压温度的升高，玉米秸秆穰板的压缩强度减小。这是由于随着热压温度的升高，玉米秸秆穰被碳化，从而使材料自身的强度变弱。当热压温度为 180 ℃时，板材的压缩强度为 0.107 MPa，大于 GB/T 25975—2010 中要求的 40 kPa。

### 6.2.2.3 密度对玉米秸秆穰板性能的影响

图 6-3 所示为 3 种密度不同、在施胶量均为 4%和热压温度均为 160 ℃的条件下制成的厚度均为 40 mm 板材在不同频率下的吸声频率特征曲线、导热性能变化及压缩性能的变化。

由图 6-3（a）可知，当频率小于 800 Hz 时，密度为 0.05 g/cm³的板材吸声系数远大于其他 3 种密度的板材；对于密度为 0.10 g/cm³、0.15 g/cm³、0.20 g/cm³的板材，当频率小于 500 Hz 时，材料的吸声系数随板材密度的增大呈降低趋势；当频率在 800~2 000 Hz 时各密度的材料吸声系数相近，且互有高低。出现上述现象的原因是，空气质点通过材料的孔隙受到的阻力称为空气流阻，对材料的吸声频率特性有较大影响，材料声阻抗随密度的增大而增加，密度大的材料会比密度小的材料吸声系数小。材料的声阻抗和反射界面两侧介质的声阻抗差异程度决定了声波的反射程度，当玉米秸秆穰板的密度从 0.05 g/cm³到 0.20 g/cm³变化时，玉米秸秆穰的声阻抗和空气与玉米秸秆穰的声阻抗的差异程度变大，当声波传到材料表面时发生的反射现象更为强烈，因而材料的吸声性能出现下降。

由图 6-3（b）可以看出，随着板材密度的增大，板材的热阻减小且减小的幅度逐渐变小，而导热系数与之呈现相反的趋势，板材的导热系数随密度的增大逐渐增大，这主要是由于玉米秸秆穰是多孔性材料，具有较多的细小孔隙，被空气填充，且穰丝之间也有较大的空隙，而空气的导热系数要远远小于实体物质，因而随着密度的不断增大，材料内部的空气含量降低，材料的结构越致密，从而使得导热系数随之增大，当密度增大到一定程度时，材料内部的空气量变得非常少，对材料导热性能的影响变小。当玉米秸秆穰板的密度为 0.10 g/cm³时材料的外观质量好，此时的导热系数只有 0.043 W/mK，低于石棉水泥隔热板的导热系数 0.16 W/mK。通常人们把导热系数小于 0.25 W/mK 的材料定义为保温材料，小于 0.05 W/mK 的材料定义为高效保温材料。木质材料由于内部含有极少量的易于传递能量的自由电子，且具有很多空气孔隙的多孔性材料，所以木质材料的导热系数很小，属于热的不良导体。因此玉米秸秆穰板可以制成保温性能优良的板材用于制作建筑墙体材料，是建筑保温隔热材料的发展趋势之一。

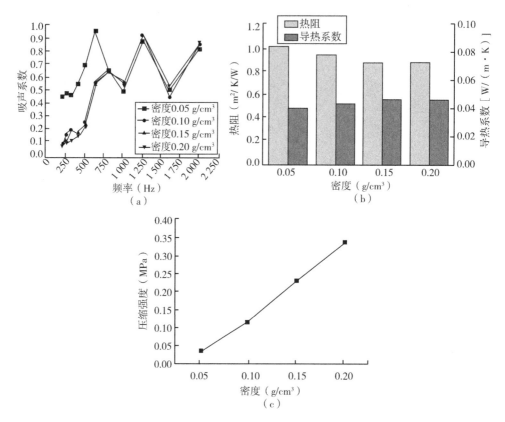

图 6-3　密度对玉米秸秆穰板性能的影响

由图 3（c）可知，随着密度的增大，玉米秸秆穰板的压缩强度增大。这是由于随着密度的增加，单位体积内玉米秸秆穰的总量增大，在相同形变的情况下，材料所能承受的力增大。当密度为 0.05 g/cm³ 时，板材的压缩强度为 0.038 MPa，小于 GB/T 25975—2010 中要求的 40 kPa，当密度为 0.10 g/cm³ 时，板材的压缩强度为 0.115 MPa，满足国标要求。

### 6.2.2.4　厚度对玉米秸秆穰板性能的影响

图 6-4 显示 4 种厚度不同、施胶量均为 4%、热压温度均为 160 ℃和密度均为 0.10 g/cm³ 时在不同频率下的吸声频率特征曲线。

由图 6-4（a）可知，当声波的入射频率小于 1 000 Hz 时，板材的吸声系数随厚度的增加呈增大趋势，但差别较小。同样可以看出，厚度对板材吸声性能的影响整体并不明显。当频率介于 1 000 ~ 2 000 Hz 时，板材厚度的变化对材料的吸声性能基本无影响。出现这一现象的原因可能是，随着厚度的增加，能够进入材料内部的声波量急剧下降，主要集中于材料表层较薄的一层，因此声波衰减的增量并不大。

由图 6-4（b）可以看出，玉米秸秆穰板的热阻随材料厚度的增加逐渐增大，且热阻与厚度呈线性关系，材料的厚度对玉米秸秆穰板的导热系数基本没有影响。因此，对于其他因子相同而厚度不同的材料来说，导热系数不变，在选用时要根据实际需要选择不同的厚度，以达到理想的保温效果。

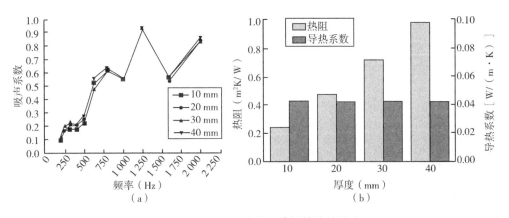

图 6-4　厚度对玉米秸秆穰板性能的影响

综上所述，在试验范围内，从吸热隔音材料利用来看，玉米秸秆穰板厚度对吸热隔音性能影响较小，在最佳工艺参数组合为施胶量 2%、热压温度 140 ℃、密度 0.10 g/cm³ 的条件下，生产的玉米秸秆穰板达到国标使用要求。

# 7 玉米秸秆叶饲料化利用技术

颗粒饲料具有堆积密度大、饲喂方式简单、贮存及运输方便等特点，而且颗粒饲料制粒过程中物料经过蒸汽、机械摩擦产生的热量可以对颗粒饲料中的霉菌等有害细菌进行灭菌处理，因而用颗粒饲料喂养反刍动物营养更加均衡、饲料吸收量大、浪费少并可提高动物采食率，同时喂养方式简单、节约劳动力。由于颗粒饲料较之普通饲料具有诸类优势，颗粒饲料在家畜饲养行业的利用率逐年上升，但是相对于美国颗粒饲料占所有饲料类型的80%这一比例而言，我国颗粒饲料所占比例仅约60%，因此我国颗粒饲料生产还有极大的提升空间。而制粒机的需求将随着颗粒饲料生产需求量的增长也必将快速增加。因此，为了保证颗粒饲料的品质及产量，研发、生产高品质的制粒机械的需求已刻不容缓。

早在1938年，德国学者Skalweit探求草物料的压缩特性，并首次在密闭容器内进行压缩试验，其研究结果分析表明，在压缩过程中压缩力与压缩密度之间的关系为指数函数形式。此后，多名外国专家分别对玉米、小麦等农作物秸秆和苜蓿牧草等物料的压力与压缩密度关系及其影响因素进行了相关研究。我国自20世纪90年代末开始迎来了对草物料压缩理论研究的热潮。早期，我国学者杨明韶等使用高密度压捆机，分别对羊草、苜蓿和碾过的小麦秸秆等农作物物料进行了高密度压捆的试验研究。在此之后，徐斌、王春光、李旭英、杜建民等诸位学者对压缩流变理论也进行了相关研究；闫文刚、毕玉革、赵桂芝、范林、张旭等学者也分别对稻草、红麻料片、玉米秸秆、苜蓿、柠条等农业纤维物料的压缩理论进行试验研究。对于其闭式压缩过程，相关压缩试验进行得较早、较多，但针对粉碎后玉米秸秆叶闭式压缩模型研究较少。本章按照平模制粒机制粒工艺要求，对粉碎处理后的玉米秸秆叶进行闭式压缩成型试验，研究玉米秸秆叶在压缩过程中秸秆物料特性、压缩状态与最大压缩力之间的关系，分析各类因素对粉碎后的玉米秸秆叶最大压缩力的影响，为玉米秸秆叶颗粒饲料生产设备设计与工艺优化提供技术依据。

# 7.1 玉米秸秆叶颗粒饲料制备工艺

颗粒饲料成型的关键是物料的压缩与成型，而压缩和成型主要是靠压辊与平模的滚动挤压力来完成的，它取决于功率的合理配置、主轴及压辊的转速、压辊半径、压辊辊面结构、平模模孔直径、偏心距、模孔形状和深度、平模加工工艺、物料种类、物料特性等因素，压辊对物料的挤压力需克服物料自身的黏弹性纤维力、物料间的黏滞阻力以及物料与模孔间的摩擦阻力等一系列阻力。同时，由于农业物料特性具有复杂性及多样性，且不同种类物料的物料特性有较大的差别，物料特性不仅影响成型颗粒的物理品质，如颗粒密度、抗破碎性强度等，还影响制粒机的生产效率和成型率，故影响秸秆成型制粒的因素有很多。

早期成型制粒的试验大多关注的是压力与密度间的关系，忽视了其他的影响因素。由于不同的压缩条件和物料特性，对与不同物料在不同制粒条件下，最优的影响压缩成型因素的选择还不能达成量化的统一结论。如在低温或常温条件下，秸秆等纤维素含量较高的植物易于压缩成型；但是在高温或加热条件下，含有较多木质素木材由于木质素软化产生黏结作用反而容易成型。所以，物料的种类与成型方式对制粒性能的影响紧密相关。

通过参阅相关文献以及玉米秸秆叶压缩试验研究可知，对秸秆类物料成型过程及制粒性能产生较大影响的因素主要有物料含水率、模孔长径比、主轴（平模）转速及添加剂含量等。

1）物料含水率影响因素

物料含水率对成型过程有很大的影响，是农作物秸秆成型制粒中需要控制的一个重要参数。物料中过高或过低的含水率都不利于物料压缩成型：当物料含水率过高时，制粒过程中摩擦、挤压产生的蒸汽不能顺利地从成型颗粒中心排出，在成型模孔内汽化后易形成高压蒸汽，轻者会造成颗粒饲料开裂，成型表面粗糙；当蒸汽产生的压强远大于模孔壁与物料间的摩擦力时，就会使模孔内已连续挤压成型的颗粒爆炸为数段，从成型模孔中崩出，不能正常挤压成型。而当物料含水率过低时，使物料黏弹性小，粒子间摩擦和抗压强度增大，成型困难，并产生较多的能量消耗，造成单位能耗浪费。

2）模孔长径比影响因素

在径深相同的情况下以不同的模孔直径来描述模孔的长径比，且模孔直径具有等值梯度，便于试验研究。模孔有效长度相同的条件下，随模孔直径的增大，物料在模孔中所受到的成型压力减小，物料容易被挤出，制粒产量随之增加，但制出的颗粒饲料物理品质较差，成型密度低，颗粒表面粗糙；反之，模孔直径越小，物料在模孔中受到的挤压力随之增大，颗粒饲料成型密度也增大，颗粒表面光滑，但制粒机生产效率下降，增加了单位产量的能耗。

3）主轴（平模）转速影响因素

主轴（平模）转速决定了物料在制粒室内的堆积量以及物料在模孔内的停留时间，对产量和平模温度有较大的影响。主轴转速过高时，物料的喂入量相对较少，制粒过程可能中断，物料在模孔挤压过程中形成断层，不能连续制粒，甚至物料在模孔中由于施加的挤压力过小不能挤压成型；而主轴（平模）转速较低时，压辊施加压力过小，导致物料挤压紧实度低，挤压力不足以克服模孔内壁摩擦力，成型过程将难以继续进行。所以，制粒机应根据物料特性选择最佳转速。

4）添加剂含量影响因素

玉米秸秆叶粗纤维素含量较高，仅用粉碎后的玉米秸秆叶进行制粒时，玉米秸秆叶因富含纤维素，通过模孔时阻力增大，产量减小，平模磨损快，故玉米秸秆叶做粗饲料制粒时添加一定比例的玉米粉作为添加剂，可克服以上缺点并可提高其营养价值。玉米粉主要成分为淀粉，由于水分与淀粉粒子融合，使淀粉受热产生膨胀，当淀粉粒子膨胀到最大限度后产生糊化现象，对粉状饲料产生黏结作用，便于物料压缩成型。如在挤出阶段减小物料与模孔间的摩擦力，有利于物料挤压出模孔，使颗粒饲料具有较好的成型质量和营养价值。

# 7.2 平模制粒机设计

玉米秸秆叶资源主要分布在农村，为便于玉米秸秆叶饲料化利用的小型规模化经营，所以该制粒机的设计应尽可能考虑价格低廉、机器耐用、传动动力小、零部件简单、便于维护修理等要求，并且颗粒饲料的加工质量更加优良、生产效率高。鉴于以上考虑，本研究选用平模式制粒机。平模制粒机具有结构简单、成本低廉、易于修理维护，对物料粉碎粒度要求不高、物料水分范围适应性广等优点。

　　平模制粒机主要分为主轴带动平模运动（压辊被动）和主轴带动压辊架运动（平模固定，压辊在公转的同时自转）两种（传动）型式。无论哪种型式的平模制粒机，其主要工作部件都是平模和压辊。以本节研究所设计的平模主动式（动模式）平模制粒机为例进行说明，平模制粒机结构见图7-1，其主要由平模、压辊、切刀、锥齿轮箱（包括大锥齿轮和小锥齿轮）、机体、进料口、出料口、电机等组成。

　　平模制粒装置的运动方式为机械圆周运动，电机经锥齿轮带动主传动轴，从而带动与主轴固连的平模转动，并通过摩擦带动压辊自转，物料在压辊和平模摩擦力带动下移动制粒过程中，物料受到压辊挤压作用进入模孔，已进入模孔中的物料，受到连续挤入物料的压力而被压缩成型并挤出模孔，然后在切刀的撞击下切断，最终从出料口落下，完成一个循环的制粒作业。

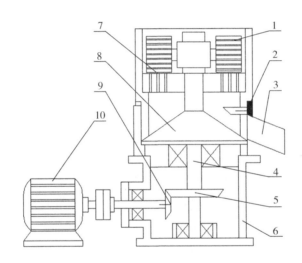

**图7-1　平模制粒装置结构示意图**

1-压辊；2-切刀；3-出料口；4-主传动轴；5-大锥齿轮；

6-壳体；7-压模；8-出料锥；9-小锥齿轮；10-电机

## 7.2.1　平模制粒机关键部件设计

### 7.2.1.1　平模的设计

　　考虑模辊长径比、压辊宽度、生产率（本研究选择200~300 kg/h）等问题，平模工作区域外径设计为Φ300 mm，内径为Φ108 mm。平模模孔的大小根据颗粒饲料所需直径及加工工艺设计，考虑到玉米秸秆叶的物理特性，本研究拟对具有等值梯度的Φ4 mm、Φ6 mm、Φ8 mm、Φ10 mm、Φ12 mm系列孔径的平模（按照相同的平模厚度设计，因而其长径比递减）进行制粒试验研究。且在模孔布局时应考虑到平模在强度足够的条件下提高开孔率，所以采用等边三角形布孔；为减少物料进入模孔的阻力，模孔上要加工倒角。考虑到机械强度、制粒硬度和粒径大小，以便于选择不同孔径的平模，平模的厚度全部定为35 mm，其实体模型如图7-2所示。

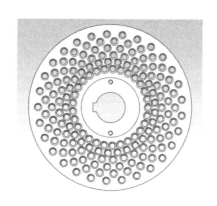

图7-2 平模实体模型

平模的材料选用不锈钢整体锻造或滚压加工而成。经平削后钻孔，钻孔时要保证孔距相等和高开孔率。钻孔后再用铰刀铰光，然后粗加工端面，进行氮化热处理，在精铰孔的内壁使粗糙度达到1.6，最后精加工端面。这样的加工工艺虽成本较高，但平模平均生产量为3 000~4 000 t。

### 7.2.1.2 压辊的设计

压辊直径的确定是结合平模的直径（模孔最外沿直径），根据经验模径和辊径的比值在1.8~3.0范围内选择。因平模转速较高，机器生产率较低，所以尽量采用较大的模径和辊径的比值，本研究选取的比值为2.54，压辊直径为Φ118 mm。压辊宽度要大于模孔的总宽，且考虑压辊倒角宽度，所以压辊宽度取86 mm。为增加压辊表面的摩擦力和攫取力，防止压辊与平模间"打滑"现象的产生，因此沿辊面圆周布置宽3 mm、深4 mm的凹槽。

同样制造加工平模和压辊，平模的制造成本高，而压辊制造成本低，压辊材料可选用比平模软的材料，以采取保模舍辊的方法。如压辊材料选用碳素钢，先进行表面开槽，在外径表面渗碳。压辊总成的三维模型如图7-3所示。

图7-3  压辊总体三维模型

据实际生产经验，平模和压辊间的间隙不宜过大，选择范围在0.1~0.3 mm，否则平模上堆积的物料将增加与压辊间的摩擦力，增大电机负荷；同时物料经反复压缩已被压实，物料进入模孔困难，物料易于平模上堆积硬化成块，如图7-4所示，就极难进入模孔中，从而制粒作业无法继续进行。

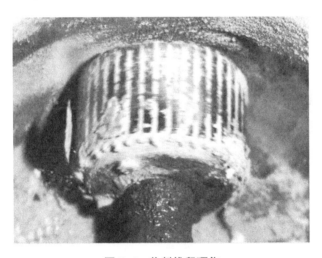

图7-4  物料堆积硬化

## 7.2.2  平模制粒机运行参数设计

为制造简易、机器耐用，选择的制粒机采用平模运动（压辊被动）式，即动模式平模制粒机。考虑到减速及平模传动的问题，选用传动平稳可靠、使用寿命长的锥齿轮进行传动。平模与压辊间隙直接影响制粒效果，在制粒过程中装置可能受到冲击、振动，故平模与压辊调隙机构选用微调螺纹的螺栓。饲料颗粒压缩成型后，排出时采用与主轴固定的甩料盘将挤出的颗粒甩出机器。为减少制造成本，料斗、壳体、框架采用钢板及角铁等制成；制粒机中所有紧固件均采用标准件。详见式（7-1）。

$$N = \frac{QPK}{7.2\gamma\varphi} \tag{7-1}$$

式中，$Q$ 为生产率（取值为 300），kg/h；$P$ 为挤压力（取值范围为 61~85 MPa）；$K$ 为压缩率（未制粒的粉碎物料和制粒后颗粒密度的比率，取值范围为 0.3~0.6）；$\gamma$ 为粉碎物料的密度，kg/m³；$\varphi$ 为电机制粒工作时的效率（取值范围为 80%~90%）。

经计算，电机的功率选择范围在 4.0~5.5 kW，故本研究中选用 5.5 kW 功率的电机，并以此为基础参数计算其他部件结构。

平模制粒机壳体的作用是作为排料腔、密封内部锥齿轮等零部件和支撑料斗。所以选择 Φ178 mm，厚 15 mm 的圆筒与钢板焊接而成，内腔的焊缝要光滑，需进行加工。底部支撑框架选用 6.3# 槽钢焊制而成。总体装配尺寸结构长×宽×高为 1 240 mm×465 mm×725 mm。

## 7.3 玉米秸秆叶颗粒饲料制备方法研究

### 7.3.1 原材料

原材料以玉米粉为添加剂，按占总质量的百分比数值利用混合机与粉碎后玉米秸秆叶均匀混合，混合后原料按照 GB/T 36055—2018《林业生物质原料分析方法含水率的测定》调制相应含水率。

### 7.3.2 设备与仪器

使用自制的平模制粒机试验台，其结构如图 7-1 所示；实物图如图 7-5 所示。平模制粒机为动盘式，电机功率为 22 kW；压辊表面配有直齿，直径 118 mm，长度 70 mm；其 5 个模盘的模孔直径为 4 mm、6 mm、8 mm、10 mm、12 mm，模盘直径均为 300 mm；压辊与模盘间隙在 0.100~0.664 mm 范围内可调。

其他主要试验设备与仪器：BSA3202S 型电子天平（奥多利斯科学仪器有限公司）；DHG-9420A 型恒温鼓风干燥箱（上海一恒科学仪器有限公司）；F700型变频器（日本富士公司）；SSZ 震摆式筛沙机（常德市仪器厂）；游标卡尺（精度 0.01 mm）等。

图 7-5　平模制粒机试验台

## 7.3.3　试验设计

根据正交旋转中心组合试验设计方法设定四因素五水平响应面试验，以 $A$、$B$、$C$、$D$ 分别表示添加剂含量（玉米粉质量占混合后原料总质量的比值）、原料含水率、模孔长径比、主轴转速 4 个因素的编码值，其中 -2、-1、0、1、2 表示编码水平，成型密度 $Y_1$、吨产品能耗 $Y_2$ 为评价指标。利用 Design-Expert 8.0.6 软件对试验数据进行回归分析和响应面分析，建立各评价指标与试验因素之间的回归模型，并预测得出最佳的生产工艺条件。各变量水平编码见表 7-1。

表 7-1　各变量水平编码表

| 编码水平 | 添加剂含量 $A$（%） | 含水率 $B$（%） | 模孔长径比 $C$ | 主轴转速 $D$（r/min） |
|---|---|---|---|---|
| 2 | 35 | 30 | 3.48 | 226 |
| 1 | 30 | 25 | 3.24 | 206 |
| 0 | 25 | 20 | 3.00 | 186 |
| -1 | 20 | 15 | 2.76 | 166 |
| -2 | 15 | 10 | 2.52 | 146 |

### 7.3.4 成型密度的测定

成型密度的测定参照农业行业标准 NY/T 1881.1—2010《生物质固体成型燃料试验方法　第 1 部分：通则》，根据国家标准 GB/T 14699.1—2005《饲料采样方法》进行取样，将成型后的玉米秸秆叶颗粒饲料冷却至室温状态，取 500 g 样品，从样品中选出 40 个颗粒饲料用纱布将两端面沿垂直于轴线方向磨平，使用游标卡尺分别测量其外径和长度，每隔 90° 测量一次，取其平均值。按式（7-2）计算每个样品的成型密度，取算术平均值，见式（7-2）。

$$\rho = \frac{4m}{\pi L D^2} \tag{7-2}$$

式中，$\rho$ 为颗粒饲料的成型密度，$g/cm^3$；$m$ 为样品质量，g；$L$ 为样品长度，cm；$D$ 为样品直径，cm。

### 7.3.5 吨产品能耗的测定

吨产品能耗是评价生物质成型设备条件的主要指标，表示单位时间内生产 1 t 产品所消耗的电能。参照农业行业标准 NY/T 1883—2010《生物质固体成型燃料成型设备试验方法》，按照式（7-3）计算吨产品能耗；生产率的计算见式（7-4）。

$$W = \frac{1\,000P}{Q} \tag{7-3}$$

$$Q = 3\,600 \times \frac{m(1-H)}{t(1-15\%)} \tag{7-4}$$

式中，$W$ 为吨产品能耗，$kW \cdot h/t$；$P$ 为消耗的电能，kW；$Q$ 为生产率，kg/h；$t$ 为接取样品的时间，s；$m$ 为接取样品的质量，kg；$H$ 为冷却后样品的含水率，%。

## 7.4 试验结果与分析

### 7.4.1 试验结果

各因素水平试验结果如表 7-2 所示。

表 7-2　试验结果

| 序号 | A | B | C | D | $Y_1$ (g/cm³) | $Y_2$ (kW·h/t) |
|---|---|---|---|---|---|---|
| 1 | −1 | −1 | −1 | −1 | 0.943 | 112.2 |
| 2 | 1 | −1 | −1 | −1 | 0.912 | 103.6 |
| 3 | −1 | 1 | −1 | −1 | 1.007 | 74.3 |
| 4 | 1 | 1 | −1 | −1 | 1.041 | 73.4 |
| 5 | −1 | −1 | 1 | −1 | 1.048 | 119.5 |
| 6 | 1 | −1 | 1 | −1 | 1.023 | 108.6 |
| 7 | −1 | 1 | 1 | −1 | 0.963 | 112.2 |
| 8 | 1 | 1 | 1 | −1 | 1.083 | 110.1 |
| 9 | −1 | −1 | −1 | 1 | 0.887 | 75.1 |
| 10 | 1 | −1 | −1 | 1 | 0.869 | 88.3 |
| 11 | −1 | 1 | −1 | 1 | 0.887 | 65.9 |
| 12 | 1 | 1 | −1 | 1 | 1.063 | 66.9 |
| 13 | −1 | −1 | 1 | 1 | 1.152 | 110.2 |
| 14 | 1 | −1 | 1 | 1 | 1.139 | 100.3 |
| 15 | −1 | 1 | 1 | 1 | 1.044 | 113.8 |
| 16 | 1 | 1 | 1 | 1 | 1.155 | 112.6 |
| 17 | −2 | 0 | 0 | 0 | 1.010 | 99.9 |
| 18 | 2 | 0 | 0 | 0 | 1.110 | 89.1 |
| 19 | 0 | −2 | 0 | 0 | 0.942 | 108.8 |
| 20 | 0 | 2 | 0 | 0 | 1.002 | 92.2 |
| 21 | 0 | 0 | −2 | 0 | 0.886 | 66.9 |
| 22 | 0 | 0 | 2 | 0 | 1.154 | 118.8 |
| 23 | 0 | 0 | 0 | −2 | 1.018 | 116.7 |
| 24 | 0 | 0 | 0 | 2 | 1.054 | 111.1 |
| 25 | 0 | 0 | 0 | 0 | 1.166 | 50.4 |
| 26 | 0 | 0 | 0 | 0 | 1.183 | 51.6 |
| 27 | 0 | 0 | 0 | 0 | 1.181 | 51.8 |
| 28 | 0 | 0 | 0 | 0 | 1.201 | 45.3 |
| 29 | 0 | 0 | 0 | 0 | 1.205 | 56.2 |
| 30 | 0 | 0 | 0 | 0 | 1.176 | 45.4 |

（续表）

| 序号 | $A$ | $B$ | $C$ | $D$ | $Y_1$（g/cm³） | $Y_2$（kW·h/t） |
|------|-----|-----|-----|-----|------|------|
| 31 | 0 | 0 | 0 | 0 | 1.184 | 50.8 |
| 32 | 0 | 0 | 0 | 0 | 1.182 | 59.7 |
| 33 | 0 | 0 | 0 | 0 | 1.176 | 55.9 |
| 34 | 0 | 0 | 0 | 0 | 1.201 | 43.4 |
| 35 | 0 | 0 | 0 | 0 | 1.163 | 51.2 |
| 36 | 0 | 0 | 0 | 0 | 1.161 | 46.8 |

## 7.4.2 模型的建立与检验

利用 Design-Expert 8.0.6 软件对试验结果进行分析，建立各试验因素与成型密度、吨产品能耗之间的多元二次回归模型，见式（7-5）、式（7-6）。通过方差分析（表7-3、表7-4），以及式（7-5）、（7-6）可知，模型 $P$ 值小于0.001，失拟项 $P$ 值大于0.05，且决定系数 $R^2$ 和修正后的决定系数 $R^2$ 都非常接近1，说明各因素与评价指标之间存在极显著的相关关系，该模型是合适的。从一次项 $A$、$B$、$C$、$D$ 的 $P$ 值来看，$B$、$C$、$D$ 对成型密度和吨产品能耗的影响都显著；$A$ 对成型密度影响极显著，但对吨产品能耗影响不显著。根据 $F$ 值大小进行排序，对成型密度影响显著性程度的顺序为：$C>A>B>D$；对吨产品能耗影响显著性程度的顺序为：$C>B>D>A$。

表7-3 成型密度回归方程的方差分析表

| 来源 | 平方和 | 自由度 | 均方差 | $F$ 值 | $P$ 值 |
|------|--------|--------|--------|--------|--------|
| 模型 | 0.40 | 12 | 0.033 | 107.23 | <0.000 1 |
| $A$ | 0.013 | 1 | 0.013 | 40.97 | <0.000 1 |
| $B$ | $6.338×10^3$ | 1 | $6.338×10^3$ | 20.30 | 0.000 2 |
| $C$ | 0.098 | 1 | 0.098 | 314.11 | <0.000 1 |
| $D$ | $2.563×10^3$ | 1 | $2.563×10^3$ | 8.21 | 0.008 7 |
| $AB$ | 0.017 | 1 | 0.017 | 55.82 | <0.000 1 |
| $AD$ | $1.560×10^3$ | 1 | $1.560×10^3$ | 5.00 | 0.035 4 |
| $BC$ | 0.016 | 1 | 0.016 | 50.86 | <0.000 1 |

| 来源 | 平方和 | 自由度 | 均方差 | F 值 | P 值 |
|---|---|---|---|---|---|
| CD | 0.020 | 1 | 0.020 | 65.05 | <0.000 1 |
| $A^2$ | 0.032 | 1 | 0.032 | 103.75 | <0.000 1 |
| $B^2$ | 0.093 | 1 | 0.093 | 296.87 | <0.000 1 |
| $C^2$ | 0.056 | 1 | 0.056 | 179.23 | <0.000 1 |
| $D^2$ | 0.046 | 1 | 0.046 | 146.58 | <0.000 1 |
| 失拟性 | $4.794 \times 10^3$ | 12 | $3.995 \times 10^4$ | 1.84 | 0.160 4 |
| 误差 | $2.385 \times 10^3$ | 11 | $2.168 \times 10^4$ | | |
| 总和 | 0.41 | 35 | | | |

表 7-4　吨产品能耗回归方程的方差分析表

| 来源 | 平方和 | 自由度 | 均方差 | F 值 | P 值 |
|---|---|---|---|---|---|
| 模型 | 25 149.59 | 11 | 2 286.33 | 81.74 | <0.000 1 |
| A | 70.04 | 1 | 70.04 | 2.50 | 0.126 6 |
| B | 618.13 | 1 | 618.13 | 22.10 | <0.000 1 |
| C | 4 576.08 | 1 | 4 576.08 | 163.61 | <0.000 1 |
| D | 352.67 | 1 | 352.67 | 12.61 | 0.001 6 |
| BC | 739.84 | 1 | 739.84 | 26.45 | <0.000 1 |
| BD | 219.04 | 1 | 219.04 | 7.83 | 0.010 0 |
| CD | 180.90 | 1 | 180.90 | 6.47 | 0.017 8 |
| $A^2$ | 3 410.00 | 1 | 3 410.00 | 121.92 | <0.000 1 |
| $B^2$ | 4 473.00 | 1 | 4 473.00 | 159.92 | <0.000 1 |
| $C^2$ | 3 142.92 | 1 | 3 142.92 | 112.37 | <0.000 1 |
| $D^2$ | 7 366.96 | 1 | 7 366.96 | 263.39 | <0.000 1 |
| 失拟性 | 404.88 | 13 | 31.14 | 1.29 | 0.342 1 |
| 误差 | 266.41 | 11 | 24.22 | | |
| 总和 | 25 820.88 | 35 | | | |

$$Y_1 = 1.18 + 0.023A + 0.016B + 0.064C + 0.01D + 0.033AB + 0.000\ 987\ 5AD +$$
$$0.032BC + 0.036CD - 0.032A^2 - 0.054B^2 - 0.042C^2 - 0.038D^2$$
$$R^2 = 0.982\ 4 \tag{7-5}$$
$$Y_2 = 50.71 - 1.71A - 5.08B + 13.81C - 3.83D + 6.8BC + 3.7BD +$$

$$3.36CD+10.32A^2+11.82B^2+9.91C^2+15.17D^2$$
$$R^2=0.974\ 0 \tag{7-6}$$

### 7.4.3 试验因素对玉米秸秆叶颗粒成型性能的影响

1）试验因素交互作用对颗粒饲料成型密度的影响

由方差分析表 7-3 可知，$AB$、$AD$、$BC$、$CD$ 试验因素之间的交互作用对颗粒饲料成型密度影响显著。二因素交互作用对成型密度影响曲面图，见图 7-6。

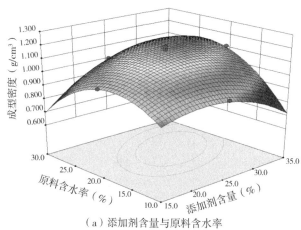

（a）添加剂含量与原料含水率

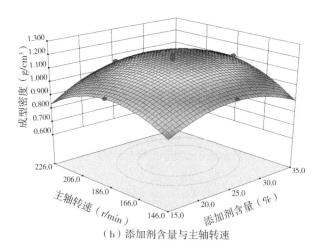

（b）添加剂含量与主轴转速

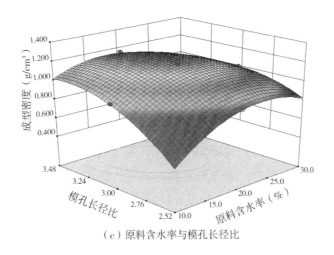

（c）原料含水率与模孔长径比

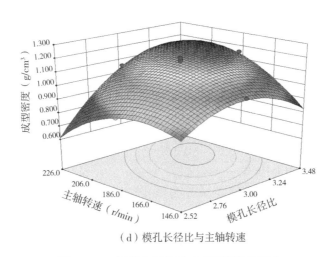

（d）模孔长径比与主轴转速

**图7-6 二因素交互作用对成型密度的影响**

图7-6（a）中，在添加剂含量为20%～30%、原料含水率为20%～25%的条件下，成型密度相对较高。随着添加剂含量和原料含水率的增加，成型密度先增大后减小；这说明，在制粒过程中，水分与玉米粉中淀粉粒子融合，对玉米秸秆叶颗粒产生黏结作用，使颗粒挤压层与层贴合更为紧密，不仅有利于其压缩成型，且能提高颗粒饲料的成型质量和营养价值。

图7-6（b）中，在添加剂含量为25%～30%、主轴转速为186～206 r/min

的条件下，成型密度相对较高。随着主轴转速的增大，成型密度先增大后又减小，这说明，主轴转速较低时，克服颗粒变形的挤压作用力较小，颗粒挤压不够密实，成型密度较小；主轴转速较大时，出料速度加快，颗粒成型的时间较短，颗粒挤压变形不够充分，层与层之间贴合不够紧密，成型密度也较小。

图 7-6（c）中，在原料含水率为 15%～25%、模孔长径比为 3.00～3.48 的条件下，成型密度相对较高。随着原料含水率和模孔长径比的增大，成型密度先增大后又减小。模孔长径比较小时，堵料现象增多，造成入料不连续，颗粒层与层之间贴合不够紧密；模孔长径比较大时，颗粒挤压作用力减小，颗粒层与层之间比较松散，颗粒成型率较低，使成型密度减小。

图 7-6（d）中，在模孔长径比为 3.00～3.48、主轴转速为 186～206 r/min 的条件下，成型密度相对较高。随着主轴转速与模孔长径比的增大，成型密度先增大后减小；可知，在主轴转速和模孔长径比都较小时，克服颗粒变形的压力较小且物料进入模孔较困难，不利于颗粒挤压成型，获得的成型密度较小；主轴转速和模孔长径比较大时，挤压物料的作用力减小且挤压时间过短，使颗粒挤压不够紧密，成型密度也较小。

2）试验因素交互作用对吨产品能耗的影响

由方差分析表 7-4 可知，$BC$、$BD$、$CD$ 的 $P$ 值都小于 0.05，说明其试验因素之间的交互作用对颗粒饲料吨产品能耗的影响显著。二因素交互作用对吨产品能耗的影响曲面图见图 7-7。

图 7-7（a）中，随着原料含水率与模孔长径比的增大，吨产品能耗先减小后增大；在原料含水率为 20%～25%、模孔长径比为 2.52～3.00 的条件下，吨产品能耗相对较低。可见，物料中的水起到了润滑剂的作用，降低了单位时间内消耗的电能，且提高了生产率，从而减小吨产品能耗；原料含水率较低时，颗粒流动性差使颗粒挤压不够密实，原料含水率较高时，游离的水使颗粒挤压层与层之间贴合不够紧密，吨产品能耗都较小。在模孔长径比较小时，颗粒成型阻力较小且生产率较高，吨产品能耗较小；随着模孔长径比的增大，颗粒成型阻力较大且生产率逐渐减小，使吨产品能耗增大。

图 7-7（b）中，在原料含水率为 15%～25%、主轴转速为 186～206 r/min 的条件下，吨产品能耗相对较小。随着原料含水率与主轴转速的增大，吨产品能耗先减小后又增大。主轴转速较小时，虽电耗较小，但生产率较低；主轴转速

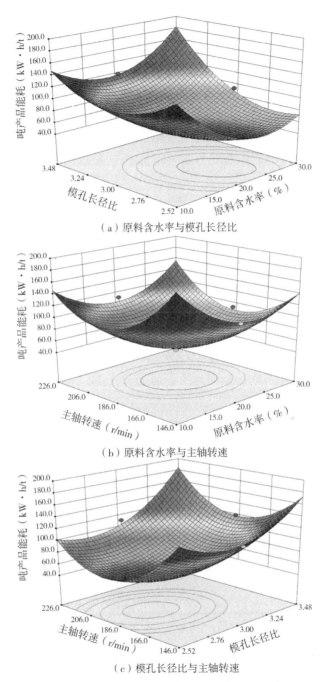

（a）原料含水率与模孔长径比

（b）原料含水率与主轴转速

（c）模孔长径比与主轴转速

图7-7　二因素交互作用对吨产品能耗的影响

较大时，相对生产率而言，电耗增大较为迅速；以上两种情况下都造成吨产品能耗相对较大。

图 7-7（c）中，在模孔长径比约为 2.76～3.00、主轴转速为 186～206 r/min 的条件下，吨产品能耗相对较小。随着模孔长径比与主轴转速的增大，吨产品能耗先减小后又增大。从吨产品能耗变化曲面形状来看，模孔长径比对吨产品能耗影响的曲面更为陡峭，说明模孔长径比比主轴转速对吨产品能耗的影响要大。可见，为减少生产能耗，在主轴转速一定的情况下，应选择较小模孔长径比的模盘。

### 7.4.4　试验因素参数组合优化及验证试验

1）试验因素参数组合优化

利用 Design-Expert 8.0.6 软件对试验因素参数组合进行优化。在添加剂含量为 15%～35%、原料含水率为 10%～30%、模孔长径比为 2.52～3.48、主轴转速为 146～226 r/min 的条件下，设定和调节目标函数满足颗粒饲料的成型密度大于 1.0 g/cm³，且吨产品能耗小于 90 kW·h/t，使其相交成封闭区域，如图 7-8 所示。优化的试验因素参数范围为：添加剂含量 20.8%～30.1%，原料含水率

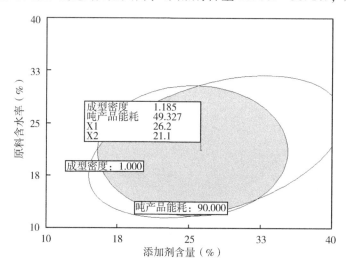

**图 7-8　试验优化结果**

注：模孔长径比为 2.99，主轴转速为 188.3 r/min。

128

16.2%~26.8%，模孔长径比 2.66~3.09，主轴转速为 170.5~205.5 r/min。在颗粒饲料的成型密度取最大值和吨产品能耗取最小值的目标下对其进一步优化，最终结果是：玉米粉添加量为 26.2%、原料含水率为 21.1%、模孔长径比为 2.99、主轴转速为 188.3 r/min 参数组合时，成型密度最大值为 1.185 g/cm³，吨产品能耗最小值为 49.3 kW·h/t。

　　2）验证试验

　　根据最终优化的参数组合方案并结合试验实际操作，按照添加剂含量为 26%、原料含水率为 21%、模孔长径比为 3.00（模孔直径为 8 mm）、主轴转速为 188 r/min 分别进行 5 组试验，并通过回归方程对成型密度和吨产品能耗进行预测。试验结果表明，成型密度和吨产品能耗与预测值之间的相对误差分别为 0.516% 和 1.167%，说明成型密度和吨产品能耗回归模型以及试验因素参数最优结果是可靠的。

## 7.5　玉米秸秆叶颗粒饲料的显微结构观察与分析

　　玉米秸秆叶经压缩为颗粒饲料后，物料的基本组织已扭曲变形，原有的组织形貌基本完全发生改变，散粒体间变形嵌合。利用扫描电子显微镜观察不同条件下制成的颗粒饲料的横截面中心层并进行对比分析。

　　在长径比为 3.00（模孔直径为 8 mm）、主轴转数为 186 r/min、添加剂含量为 25% 的试验条件下，分析不同含水率对制粒性能的影响，两种含水率的颗粒饲料及其显微结构如图 7-9 所示。35% 含水率细致，黏结性好，但粒子

（a）35%含水率的颗粒饲料显微结构　　　　　（b）15%含水率的颗粒饲料显微结构

**图 7-9　不同含水率的颗粒饲料**

间结合出现分层现象；15%含水率制出的饲料糊化不充分，可以看到部分纤维，颗粒短小。这是因为制粒过程当中，水分可以作为化学变化中的媒介，对淀粉添加剂的黏结程度产生较大的影响，水分子还可以作为物料粒子间摩擦的缓冲剂；但水分过高物料吸收蒸汽能力下降，粒子间引力低，物料产生打滑现象难以压入模孔，可能引起堵机进而影响颗粒饲料质量。低含水率条件下制出的颗粒，有些纤维及淀粉未能完全发生化学变化就碾压成颗粒饲料，黏结效果差。

在物料含水率为25%、主轴转数为186 r/min、添加剂含量为25%的试验条件下，分析不同模孔长径比（模孔直径）对制粒性能的影响，两种直径的颗粒饲料及其显微结构如图7-10所示。模孔直径较大时，颗粒表面不光滑，可以看

（a）12 mm模孔直径的颗粒饲料　　　　　　　　　　（b）4 mm模孔直径的颗粒饲料

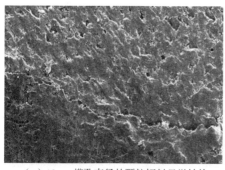

（c）12 mm模孔直径的颗粒饲料显微结构　　　　　（d）4 mm模孔直径的颗粒饲料显微结构

图7-10　不同模孔直径的颗粒饲料

到未被破坏的纤维素；模孔直径为 4 mm 制成的颗粒饲料，颗粒饲料紧密度高，表面光滑质量好。这主要由于在模厚相同的条件下，模孔直径越小，物料在模孔中成形的压力越大，挤压效果越好，但制粒机产量下降，吨电耗增加。合适的模孔直径的选择要依据所压制饲料的性质，以便于颗粒成型制粒，提高颗粒饲料的质量和平模的使用寿命。

在物料含水率为 25%、模孔长径比为 3.00（模孔直径为 8 mm）、添加剂含量为 25% 的试验条件下，分析不同主轴转速对成型效果的影响，两种主轴转速获得的颗粒饲料及其显微结构如图 7-11 所示。主轴转速为 226 r/min 时，颗粒饲料质地较松散；主轴转速为 146 r/min 时，饲料颗粒成型表面光滑而富有光泽。这是由于较高的主轴转速有助于减少压辊与平模表面饲料的厚度、增加产

（a）226 r/min 主轴转速的颗粒饲料 （b）146 r/min 主轴转速的颗粒饲料

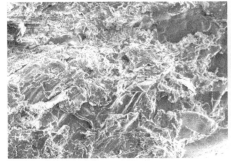 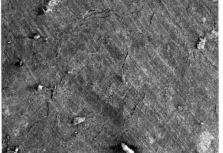

（c）226 r/min 主轴转速的颗粒饲料显微结构 （d）146 r/min 主轴转速的颗粒饲料显微结构

图 7-11 不同主轴转速的颗粒饲料

量，但制粒性能不理想。主轴转速较低时，物料在成型模孔内停留时间长，但因为成型压力小，生产率低；主轴转速过小时，物料甚至难以连续挤压成型。因此，选择合适的主轴转速才能保证产品质量。

在物料含水率为25%、模孔长径比（模孔直径为8 mm）、主轴转数为186 r/min的试验条件下，分析不同添加剂含量对成型效果的影响，两种添加剂含量的颗粒饲料及其显微结构如图7-12所示。添加配比为35%时，玉米秸秆叶颗粒饲料密度大强度好，颗粒成型表面光滑而富有光泽。添加配比为15%时，颗粒成型面粗糙，且从纤维结构上可以观察到粒子间存在着较大的间隙。出现上述现象主要原因是淀粉粒子在挤压力的作用下产生裂纹甚至破裂，粒度减小，

（a）35%添加剂的颗粒饲料　　　　　　　（b）15%添加剂的颗粒饲料

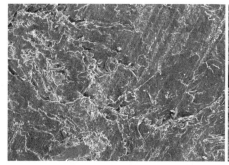

（c）35%添加剂的颗粒饲料显微结构　　　　（d）15%添加剂的颗粒饲料显微结构

图7-12　不同添加剂含量的颗粒饲料

水分容易渗入到淀粉粒子内部，黏度增大。摩擦产生的热量和水分共同作用活化了淀粉等天然黏结剂成为软化的料流，在高压下被挤压到平模模孔内而发生黏结，淀粉糊化充分使其黏结周围的粒子。故玉米秸秆叶物料添加配比合适的添加剂有利于提高制粒性能。

利用电子扫描显微镜观察不同方式制成的玉米秸秆叶颗粒饲料，发现粒子间的结合方式主要为固体桥接，并且固体桥接主要是由天然黏合剂形成的。因此有必要调节物料的水分含量和添加剂含量使黏合剂更充分融合，根据物料特性选择合适的主轴转速及模孔直径以提高成型品质，从而形成质量更好的颗粒饲料。

# 参考文献

毕于运，2010. 秸秆资源评价与利用研究 [D]. 北京：中国农业科学院.

陈树人，段建，姚勇，等，2013. 环模式成型机压缩水稻秆成型工艺参数优化 [J]. 农业工程学报，29（22）：32-41.

陈争光，2014. 玉米秸秆皮穰分离机构的试验研究及机理分析 [D]. 哈尔滨：东北农业大学.

陈争光，王德福，李利桥，等，2012. 玉米秸秆皮拉伸与剪切特性试验 [J]. 农业工程学报，28（21）：59-65.

董欣，刘立意，李文哲，等，2012. 卧辊式玉米秸秆调质装置调质功耗试验 [J]. 农业机械学报，43（Z1）：198-201.

范林，王春光，王洪波，等，2008. 揉碎玉米秸秆可压缩性研究 [J]. 农业机械学报，39（11）：76-80.

高微，李成华，王石，等，2011. 秸秆颗粒燃料密度及成粒率影响因素的研究 [J]. 沈阳农业大学学报，42（5）：583-587.

高翔，2018. 饲料用玉米秸秆穰压缩成型试验研究 [D]. 沈阳：沈阳农业大学.

何金存，周志芳，王宏棣，等，2014. 利用改性胶粘剂制备玉米秸秆皮层刨花板的工艺研究 [J]. 林业科技，39（1）：23-25.

何勋，王德福，2015. 基于纤维形态特征分析的玉米秸秆皮拉伸特性 [J]. 农业工程学报，31（10）：92-98.

霍丽丽，田宜水，孟海波，等，2010. 模辊式生物质颗粒燃料成型机性能试验 [J]. 农业机械学报，41（12）：121-125.

孔凡婷，2015. 玉米秸秆叶制粒性能及其制粒机械的试验研究与分析 [D]. 哈尔滨：东北农业大学.

孔凡婷，李利桥，王德福，等，2016. 玉米秸秆叶的最大压缩力试验分析

[J]. 中国农机化学报, 37 (1): 111-116.

黎粤华, 王述洋, 1999. 燃料平模固化成型机压辊特性分析 [J]. 机电产品开发与创新, 22 (6): 47-49.

李欢, 杨仁斌, 陈亮, 2007. 秸秆能源利用模式分析及进展 [J]. 农业环境科学学报 (S): 628-631.

李石强, 姚军虎, 成连升, 2004. 影响颗粒饲料质量的因素 [J]. 饲料博览, 3: 34-36.

李艳聪, 万志生, 单慧勇, 等, 2011. 影响颗粒饲料质量和制粒性能的因素分析 [J]. 安徽农业科学, 39 (10): 5929-5930.

李忠平, 1996. 饲料在制粒中的物理和化学变化的探讨 [J]. 饲料工业, 17 (9): 1-4.

刘标, 陈应泉, 何涛, 等, 2013. 农作物秸秆热解多联产技术的应用 [J]. 农业工程学报, 29 (16): 213-219.

刘丽英, 2006. 秸秆组分分离及其高值化利用研究 [D]. 北京: 中国科学院过程工程研究所.

刘延春, 张英楠, 刘明, 等, 2008. 生物质固化成型技术研究进展 [J]. 世界林业研究, 21 (4): 41-46.

卢杰, 张显权, 张红杰, 2012. 改性异氰酸酯树脂胶玉米秸秆皮板工艺 [J]. 东北林业大学学报, 40 (7): 142-144.

齐胜利, 岳新军, 2011. 颗粒饲料质量控制及其研究进展 [J]. 饲料加工 (10): 36-38

乔富强, 姚华, 孟庆翔, 等, 2007. 不同品种玉米的化学成分、淀粉糊化度及活体外发酵特性的比较 [J]. 动物营养学报, 19 (4): 424-428.

盛奎川, 吴杰, 2004. 生物质成型燃料的物理品质和成型机理的研究进展 [J]. 农业工程学报, 20 (2): 242-245.

孙亮, 孙清, 接鑫, 等, 2010. 稻壳热压成型工艺参数试验 [J]. 农业机械学报, 41 (1): 96-99.

王春光, 2007. 牧草应力松弛时间及其应用 [J]. 农业机械学报, 38 (1): 65-67.

王德福, 于克强, 陈争光, 2013. 玉米秸秆皮穰分离机械运行参数优化试验

［J］. 农业工程学报, 29 (21): 26-32.

王芳, 张扬, 于志明, 等, 2019. 吸声保温玉米秸秆穰板制备及性能研究 ［J］. 林产工业, 46 (5): 27-31.

王光辉, 王德成, Tbil G, 2011. 梯牧草草捆压缩蠕变特性的影响因素分析 ［J］. 江苏大学学报, 32 (1): 6-10.

王琪, 史宇亮, 李济宁, 等, 2007. 玉米秸秆板加工工艺优化 ［J］. 农业机械学报, 38 (8): 199-201.

王效华, 郝先荣, 金玲, 2014. 基于典型县入户调查的中国农村家庭能源消费研究 ［J］. 农业工程学报, 30 (14): 206-212.

闫贵龙, 曹春梅, 鲁琳, 等, 2006. 玉米秸秆不同部位主要化学成分和活体外消化率比较 ［J］. 中国农业大学学报, 11 (3): 70-74.

杨明韶, 毕玉革, 2005. 草类物料压缩试验研究中的突破性进展 ［J］. 农机化研究 (1): 1-5.

杨中平, 2011. 玉米秸秆主要组分的气流分离及模压成型流变特性研究 ［D］. 杨凌: 西北农林科技大学.

杨中平, 杨林青, 郭康权, 等, 1995. 玉米秸秆外皮碎料制板工艺的初步研究 ［J］. 西北林学院学报, 10 (3): 60-72.

张红杰, 张显权, 卢杰, 2012. 改性脲醛树脂胶玉米秸秆皮碎料板的制备工艺 ［J］. 东北林业大学学报, 40 (6): 99-101.

BHATTACHARYASILA, NARASIMHA H V, 1997. Puncture and stress relaxation behavior of blackgram (phaseolus mungo) flour-based papad dough ［J］. Journal of food process engineering, 20 (4): 301-316.

KALIYAN N, MOREY R V, 2009. Densification characteristics of corn stover and switchgrass ［J］. Transactions of the ASABE, 52 (3): 907-920.

KALIYAN N, MOREY, R V, 2009. Factors affecting strength and durability of densified biomass products ［J］. Biomass & Bioenergy, 33 (3): 337-359.

KALIYAN N, MOREY R V, 2010. Natural binders and solid bridge type binding mechanisms in briquettes and pellets made from corn stover and switchgrass ［J］. Bioresource Technology, 101 (3): 1082-1090.

LARSSON S H, THYREL M, GELADI P, et al., 2008. High quality biofuel pellet production from pre - compacted low density raw materials [J]. Bioresource Technology, 99 (15): 7176-7182.

MAHDI KASHANINEJAD, LOPE G TABIL, RON KNOX, 2014. Effect of compressive load and particle size on compression characteristics of selected varieties of wheat straw grinds [J]. 60: 1-7.

MANI S, TABIL LOPE G, SOKHANSANJ S, 2006. Specific energy requirement for compacting corn stover [J]. Bioresource Technology, 97 (12): 1420-1426.

MANI SUDHAGAR, TABIL LOPE G, SOKHANSANJ SHAHAB, 2006. Effects of compressive force, particle size and moisture content on mechanical properties of biomass pellets from grasses [J]. Biomass & Bioenergy, 30 (7): 648-654.

NEHRU CHEVANAN, ALVAIN R WOMAC, VENKATA S P BITRA, et al., 2010. Bulk density and compaction behavior of knif mill chopped switchgrass, wheat straw, and corn stover [J]. Bioresource Technology, 101 (1): 207-214.

RHEN C, GREF R, SJOSTROM M, et al., 2005. Effects of raw material moisture content, densification pressure and temperature on some properties of Norway spruce pellets [J]. Fuel Processing Technology, 87 (1): 11-16.

STELTE WOLFGANG, NIELSEN NIELS PETER K, HANSEN HANS OVE, et al., 2013. Pelletizing properties of torrefied wheat straw [J]. Biomass & Bioenergy, 49 (1): 214-221.

SUDHAGAR MANI, LOPE G TABIL, SHAHAB SOKHANSANJ, 2006. Effects of compressive force, particle size and moisture content on mechanical properties of biomass pellets from grasses [J]. Biomass & Bioenergy, 30 (7): 648-654.

THEERARATTANANOON K, XU F, WILSON J, et al., 2011. Physical properties of pellets made from sorghum stalk, corn stover, wheat straw, and big bluestem [J]. Industrial Crops and Products, 33 (2): 325-332.